旅游区
主题公园规划设计

郭 杨 主编

U0222769

哈尔滨工业大学出版社

内 容 简 介

旅游区主题公园规划设计是一门涉及风景园林学、旅游学、生态学、设计学等多学科融合的综合性课程。本书是一本针对艺术设计类学生而编写的教材。在内容结构上融入课程思政教育和创新创业教育两大育人宗旨,从基本概念、理论知识、设计方法、设计流程、案例分析、实践案例等方面进行深入浅出且系统全面的阐述。教材采用文字结合图片、表格归类整理等形式,便于学生学习和理解。本书旨在为艺术设计、风景园林和建筑设计等专业的学生提供借鉴和参考。

图书在版编目(CIP)数据

旅游区主题公园规划设计/郭杨主编. —哈尔滨:
哈尔滨工业大学出版社,2023.6
ISBN 978 - 7 - 5767 - 0906 - 3

Ⅰ.①旅… Ⅱ.①郭… Ⅲ.①主题－公园－规划布局
－高等学校－教材 Ⅳ.①TU986.2

中国国家版本馆 CIP 数据核字(2023)第 115787 号

策划编辑	李艳文 范业婷	
责任编辑	孙 迪	
封面设计	屈 佳	
出版发行	哈尔滨工业大学出版社	
社 址	哈尔滨市南岗区复华四道街 10 号 邮编 150006	
传 真	0451 - 86414749	
网 址	http://hitpress.hit.edu.cn	
印 刷	黑龙江艺德印刷有限责任公司	
开 本	720 毫米×960 毫米 1/16 印张 12.75 字数 257 千字	
版 次	2023 年 6 月第 1 版 2023 年 6 月第 1 次印刷	
书 号	ISBN 978 - 7 - 5767 - 0906 - 3	
定 价	78.00 元	

(如因印装质量问题影响阅读,我社负责调换)

前　言

2018 年 3 月，文化部和国家旅游局职责整合，组建文化和旅游部，这是国家未来战略中关于文化顶层设计上的一个大举措，是提高居民文化消费方面的一个大方向，文旅融合已经成为大发展趋势。据国家旅游局预计，我国旅游度假行业将形成 10 万亿级支柱产业。作为国民经济战略性支柱产业，旅游成为国民的"休闲刚需"。文化休闲、娱乐、旅游度假将成为移动互联网之后下一个经济大潮，并席卷世界各地，产能红利可观，是未来 30 年中国最好的投资。

旅游区主题公园规划设计课程是旅游景区开发建设的基础和前提，与文旅设计内容联系紧密，为学生毕业后从事文旅规划设计奠定理论基础，为规划设计提供实践资源。

旅游区主题公园规划设计是多学科的交叉融合，可以是旅游专业的旅游规划设计，可以是区域发展与规划专业的旅游规划与开发，也可以是风景园林专业的风景名胜区规划设计。目前市面上的教材主要归属两大学科，一类是风景名胜区规划设计教材，主要针对风景园林等具有设计能力的专业；另一类是旅游区的规划教材，主要针对旅游管理及相关专业。然而，两类"大部头"教材很难适用于艺术设计类的学生。为了艺术设计专业学生也能从事旅游区规划设计，需要应用一些简单易懂的教材，从艺术类学生的角度去理解和把握旅游区设计的内涵。

本教材整合旅游和风景规划两大方向，以风景资源学、旅游与休闲游憩学、园林景观设计、风景美学等理论为基础，依据《风景名胜区总体规划标准》(GB/T 50298—2018)《旅游规划通则》等必要的规划和技术导则，力求全面、系统地阐述旅游区规划设计的理论及相关方法。采用"文字＋图片＋示例"和"理论剖析＋案例"的方式进行编写，以方便学生的理解和学习，激发学生的学习的兴趣，以更好地掌握本教材的核心内容，以达到教学目的。

旅游区主题公园规划设计课程积极进行教学探索和改革，融入课程思政和创新创业教育体系，坚持面向全体、注重引导、结合专业、强化实践的原则，遵循教育教学规律，把知识传授、思想教育和实践体验有机统一起来，充分调动学生学习的积极性、主动性和创造性,不断提高教学质量和水平。关于创新创业教育,在课程中渗透创新创业思想,挖掘和充实专业课程的创新创业教育资源,将学科技能竞赛项目、大学生创新创业训练计划项目、教师科研项目等融入课堂教学,将典型案例融入课堂教学,将模拟实践训练融入课堂教学,在传授专业知识过程中加强创新创业教育,培养学生创造性思维,激发创新创业灵感。

综上,本教材内容广泛,深入浅出,并兼顾学科前沿;注重理论与实践相结合,将项目案例穿插于理论讲解之中;图文并茂,具有可读性强、实用参考性强等特点。同时教材符合时代所需,将思政教育、专业教育、创新创业教育融入人才培养全过程。本教材可供各高等院校艺术设计、风景园林、城乡规划、旅游等专业本科生使用,也可供相关专业研究生及工程技术与管理人员学习参考。

编　者

2023 年 5 月

目　　录

第一章　旅游区概述

【教学目标】

了解景区、旅游区、风景名胜区等基本概念；理解旅游景区规划的不同层面的设计；掌握旅游景区的各种不同类型；能够对不同的旅游景区进行总体分类。

【教学要求】

能够对旅游景区规划有一个大体的掌握和宏观的理解。

【教学重点】

旅游区的基本概念、相近概念的区分，以及景区规划的类型和模式。

【教学难点】

景区总规、详规和控规在实际应用和规划中的差异等。

曾经有一封火遍全网的辞职信，信的内容是"世界那么大，我想去看看"。

它不仅体现了当代年轻人的洒脱，同时更重要的是，我们要去哪里看看？我们去看什么？看人工修建的历史遗迹和宫殿建筑，看各个国家的代表性的建筑，还是看寺庙建筑、石窟艺术？看自然天成的优美风光，看人工打造的旅游度假地，还是住酒店、吃美食、购物、赏景色，享受悠闲的度假时光和身心的放松？

我们看的这些地方是天然形成，还是人工建造的？这些旅游目的地是如何被设计师精心打造的？设计师们经历什么样的流程步骤，做了哪些方面的规划设计才呈现在人们眼前的……通过学习本门课程，学生可以了解旅游区规划设计，提升自己的专业技能，掌握旅游区规划设计的基础理论知识，学会旅游区规划设计的内容、流程、步骤和程序。对旅游区合理的开发设计，是旅游区可持续发展的根本需求，是推进旅游业可持续发展的核心内容。

第一节　旅游区的概念及演变

一、旅游区的相关概念

1.旅游的概念

旅游就是旅行游览活动，又称作旅行，重在玩、赏，其意义在于放松心情，接近自然,体验自然,感受自然。旅游是人们在非惯常环境下的体验和在此环境下的一种短暂的生活方式。

在中国古代,与近现代"旅游"相近的最早概念是"观光",语出《周易·观卦·爻辞》:"观国之光,利宾于王。"旅游一词在我国最早出现在魏晋南北朝,南朝梁代诗人沈约在《悲哉行》中便有"旅游媚年春,年春媚游人"的诗句。我国古代的旅游形式有游观、游猎、巡游、宦游、游学、商游、卧游等,重点着眼于"游"。从词源上看,早期是将"旅"和"游"分开来说。《说文解字》中将"游"解释为:"旌旗之流",又作汓,意为"浮行于水",均指某种得心应手、适意自得、与环境和天地融为一体的高妙状态。

1931年商务印书馆出版的《辞源》续编,把"旅游"一词解释为:"今泛指外出作客。"1979年商务印书馆出版的《现代汉语词典》(中国社会科学院语言研究所词典编辑室编)释义为"旅行游览"。1979年上海辞书出版社出版的《辞海》解释为:"是体育的手段之一,也是文化休息的良好活动内容。"旅游出版社出版的《旅游学概论》一书中对旅游的定义是:"旅游是在一定社会经济条件下产生的一种社会经济现象,是人们以游览为目的的非定居者的旅行和暂时居留引起的一切现象和关系的总和。"《韦伯斯特大学词典》中对旅游的定义是:"以娱乐为目的的旅行;为旅游者提供旅程和服务的行业。"

2. 景区的概念

景区在我国国家标准中也称为"景点"。由于历史的原因,景区也常常被称为风景名胜区、风景旅游区、旅游区、旅游景区等等,还有主题公园、国家公园、森林公园、地质公园、遗产公园、自然保护区、旅游度假区等称谓。

在空间角度的语境下,景区经常被称为景点、旅游景区、旅游区。

在要素角度的语境下,景区经常被称为风景名胜区、森林公园、地质公园、遗产公园。

在功能角度的语境下,景区经常被称为风景旅游区、旅游度假区、主题公园、自然保护区。

3. 旅游区的概念

旅游区是以旅游及其相关活动为主要功能或主要功能之一的空间或地域,是吸引游客前往游览的吸引物,能满足游客参观、游览、度假、娱乐、求知等旅游需求的有明确划定区域的空间或地域,并能提供必要的各种附属设施和服务的旅游经营场所。旅游区具有完整的地理单元,是旅游规划、管理的基本单元,由若干景区组成。一般包含一系列旅游点,由旅游线连接而成。

根据国家质量监督检验检疫总局2003年颁布的《旅游景区质量等级的划分与评定》(GB/T 17775—2003),旅游景区是以旅游及其相关活动为主要功能或主要功能之一的空间或地域……本标准中旅游景区是指具有参观游览、休闲度假、康乐健身等功能,具备相应旅游服务设施并提供相应旅游服务的独立管理区。该管理区应有统一的经营管理机构和明确的地域范围。包括风景区、文博院馆、寺庙观堂、旅游度假区、自然保护区、主题公园、森林公园、地质公园、游乐园、动物园、植物园及工业、农业、经贸、科教、军事、体育、文化艺术等各类旅游景区。

4. 风景名胜区的概念

中华人民共和国住房和城乡建设部 2019 年 3 月 1 日起实施的《风景名胜区总体规划标准》(GB/T 50298—2018)中规定:"风景名胜区是具有观赏、文化或科学价值,自然景观、人文景观比较集中,环境优美,可供人们游览或者进行科学、文化活动的区域;是由中央和地方政府设立和管理的自然和文化遗产保护区域。简称风景区。"

二、旅游区相关术语辨析

旅游区是旅游活动的核心和空间载体,是旅游系统中最重要的组成部分,也是激励旅游者出游的最主要目的和因素。关于旅游区这一术语目前有多种称谓,我国将其称为旅游景点、旅游区(点)、旅游吸引物、旅游目的地、风景名胜区、旅游地等。国外出现的相关称谓有 visitor attractions、tourist attractions、attractions、places of interest、site、travel industry sites 等。

1. 旅游景区与旅游区

旅游景区的概念常笼统使用,一般指由若干地域上相连的,具有若干共性特征的旅游吸引物、交通网络及旅游服务设施组成的地域单元。旅游景区是以旅游及其相关活动为主要功能或主要功能之一的空间或地域。旅游景区具有参观游览、休闲度假、康乐健身等功能,具备相应旅游服务设施并提供相应旅游服务的独立管理区。

旅游区则包含着更广泛的资源、功能类别,狭义上是以旅游及其相关活动为主要功能或主要功能之一的空间和地域;广义上是在旅游发展过程中,以地域为划分基础,通过产业链形成区域性旅游目的地。

旅游区的功能要比旅游景区全面,旅游景区一定是旅游区,旅游区则不一定是旅游景区,旅游区的范围要大于或等于旅游景区。

2. 风景名胜与旅游景区

两个概念的意义在表现形式上相近,概括角度不同。作为一个旅游景区,林业局可以创建森林公园,国土局可以申报地质公园,建设局可以建设风景名胜区,旅游局可以申报 A 级旅游区等。风景名胜区就是建设系统对景区的称谓,旅游部门则称之为旅游景区。

　　风景名胜区也称风景区,就是那些资源价值大,环境优美,能够供人游览、观赏、休息和进行科学文化活动的区域。二者易混淆的根本原因在于我国的旅游区多数依附于风景区。风景区更强调资源价值,旅游区更强调旅游产品。同时,一些重要的旅游景区可称为风景名胜区,风景名胜区是旅游景区的一部分。

3. 旅游景区与旅游吸引物(旅游资源、旅游体验对象)

　　国外常将旅游资源称为旅游吸引物。旅游吸引物可以是物质和非物质皆有,有形和无形兼顾的资源。但景区更强调区域特定性和要素组成的多元性。

　　按照国家旅游局制定的《中国旅游资源普查规范》的定义,所谓旅游资源是指:自然界和人类社会凡能对旅游者产生吸引力,可以为旅游业开发利用,并可产生经济效益、社会效益和环境效益的各种事物和因素。

　　凡是对旅游者具有吸引力的自然因素、社会因素和其他任何因素,都可构成旅游资源,大体上可分为自然旅游资源和人文旅游资源两大类(李天元,1991)。

　　旅游资源是构成旅游景区的“素材”,是旅游景区产品的核心内容。

　　旅游景区是旅游资源要素和其他要素有机组合形成的地域空间;旅游景区是已被开发利用的、物质的、有形的。

　　旅游资源是旅游开发的原材料,而旅游景区是开发的成果或产品。

4. 旅游景区与旅游目的地

　　旅游目的地又称旅游地,是相对于客源地而言的,是指一定地理空间上旅游资源同专用旅游设施、旅游基础设施以及相关条件有机结合起来,所形成的旅游者停留和活动的地域综合体。

　　旅游目的地是一个为消费者提供一个完整体验的旅游产品综合体。一般来说,旅游目的地是一个独立的地理区域,如国家、城市、区域或景区(点)。

　　旅游目的地中最核心的要素有两点:一是具有旅游吸引物;二是人类聚落,要有永久性的或者临时性的住宿设施。

　　旅游目的地具有下列四大功能:

　　吸引性——有旅游景区或旅游吸引物。

　　舒适性——提供与旅游活动直接相关的住宿、餐饮、娱乐和商业零售等其他配套设施。

　　可达性——提供方便、快捷的区际、区内交通。

　　辅助服务——提供当地社区服务,如信息查询、银行、邮政、医疗、治安、法律援助。

　　旅游目的地在内容和范围上一般都比旅游区大得多,功能完善得多,空间尺度也要大得多,旅游目的地一般是一个较大的地理区域,如一个国家、一个海岛和一座城市等。而旅游景区只是旅游目的地的核心部分。

5. 旅游景区与旅游景点

一般来说,旅游景区应该是由旅游景点构成的,有时也被视为同一个概念。旅游景点是旅游景区的基础,是旅游区景区的重要组成部分。旅游景区应由旅游景点、旅游设施,诸如游步道、标志牌、旅游公厕、组织机构等构成。

三、我国旅游区的发展和演变

我国旅游区起源最早可追溯到农耕时代,据《史记》记载,"囿"是人类早期在自然环境中营建的人工环境,主要是驯养和训练野生动物的场所,供奴隶主们享乐之用。秦汉时期,秦始皇在泰山封禅,泰山成为历代帝王的"神山",是出于某种政治目的或文化信仰而划定的区域。

近现代旅游区是以保护自然景观和生态系统为主要目的。20 世纪 80 年代初,我国旅游区起步,90 年代中期管理体系基本形成,在近 40 年的发展中已较为完善,并逐步形成以保护统筹为导向的转变。具体发展阶段见表 1.1。

表 1.1　我国旅游区的形成阶段

阶段	年代	
萌芽阶段	五帝以前	
发端阶段	夏商周	
形成阶段	秦汉	
发展阶段	快速发展阶段	魏晋南北朝
	进一步发展阶段	元明清
复兴阶段	20 世纪 50 年代以后	

我国旅游区源于古代名山大川和邑郊游憩地,是祖国壮丽河山的象征,是人类文明历史的见证,是我国乃至世界最珍贵的自然和文化遗产。这些名山大川和邑郊游憩地历经几千年的演化,形成独特的环境特点,它们以具有美学、科学价值的自然景观为基础,融自然与文化于一体,满足人对自然精神文化活动需求的地域空间综合体。

第二节　旅游区的特征和类型

一、旅游区的特征

从旅游产品的需求和供给两方面,界定了旅游区的内涵、外延和构成要素,其基本特征体现在以下四个方面。

1. 旅游区具有旅游活动的吸引物

旅游活动的吸引物也称景观。景观是指可以引起视觉感受的某种景象,或一定区域内具有某种特征的景象。景观是对旅游资源开发利用的结果,是旅游区的核心,也是构成旅游区文化内涵和特殊活动的基本要素。无论是以各种自然风光为主体的景区,还是以人文景观为主体的景区,都必须具有对旅游者有较强吸引力的吸引物,并以这种吸引物的文化内涵和活动内容开发建设旅游区,并依此区别于其他不同的旅游区。

2. 旅游区具有明确划定的地域范围

旅游区规模大小往往差别较大,但无论差别大小,都有一个相对明确划定的地域范围。旅游区地域范围的划定,主要依据旅游区内的主体吸引物或主体景观标准,并以此为核心组合成一个旅游区。旅游区开发都是在划定的地域范围内进行规划设计、开发建设和经营管理的。

3. 旅游区具有满足游客需求的综合性服务设施和条件

旅游活动是一项包含食、行、住、游、购、娱六大要素在内的综合性活动。因此,旅游区必须有相应的基础设施和接待设施与之配套,能够提供综合性的旅游服务以满足旅游者的各种需求,才能成为实际意义上的旅游区。

4. 旅游区是专门的旅游经营场所

任何旅游区都是为了实现既定目标和效益,按照国家有关法律规定而依法成立的经济实体。旅游区是一个能够独立进行旅游产品组合,提供综合旅游服务的功能体,它的内部结构也是由旅游产品的生产、组合而形成的。一般来说,旅游产品构成的主要内容有旅游设施、可进入性、旅游吸引物和旅游服务四个方面。根据国家质量监督检验检疫总局 2003 年颁布的《旅游景区质量等级的划分与评定》(GB/T 17775—2003),旅游景区是以旅游及其相关活动为主要功能或主要功能之一的空间或地域。本标准中旅游景区是指具有参观游览、休闲度假、康乐健身等功能,具备相应旅游服务设施并提供相应旅游服务的独立管理区。该管理区应有统一的经营管理机构和明确的地域范围。

二、旅游区的类型

旅游区类型划分方法,目前在理论上和实践中尚未制定。人们根据需要建立了几种分类方法,每一种方法都将旅游区分为几种相应类型。如从功能上划分有:观光型、度假型、科学考察型、体育娱乐型、探险型、宗教型等;从属性上来划分有:自然型、人文型、自然人文复合型和人工型。这几种类型对于旅游区的管理、经营和保护等工作都具有十分重要的现实意义。

1. 风景名胜区

风景名胜区简称风景区。中华人民共和国住房和城乡建设部 2019 年 3 月 1 日起实施的《风景名胜区总体规划标准》(GB/T 50298—2018)中规定:"风景名胜区(science and historic area)是具有观赏、文化或科学价值,自然景观、人文景观比较集中,环境优美,可供人们游览或者进行科学、文化活动的区域;是由中央和地方政府设立和管理的自然和文化遗产保护区域。"国务院 2016 年 2 月修订的《风景名胜区条例》中所称风景名胜区,"是指具有观赏、文化或者科学价值,自然景观、人文观比较集中,环境优美,可供人们游览或者进行科学、文化活动的区域"。

国家对风景名胜区实行科学规划、统一管理、严格保护、永续利用的原则。风景名胜区划分为国家级风景名胜区和省级风景名胜区。国家级风景名胜区由国务院批准公布,省级风景名胜区由省、自治区、直辖市人民政府批准公布。

1982 年,国务院审定批准了第一批 44 处国家重点风景名胜区,标志着我国风景名胜区制度的初步建立。此后,国务院先后共审定批准设立了 9 批共 244 处国家级风景名胜区,加上各省、自治区、直辖市人民政府审定批准设立的 807 处省级风景名胜区,我国风景名胜区的总数已达到 1 051 处,总面积约 21.4 万平方千米,约占我国国土面积的 2.23%。

2. 旅游度假区

旅游度假区是在环境质量好,区位条件优越的区域,以满足康体休闲需要为主要功能,并为游客提供高质量服务的综合性旅游区。旅游度假区的主要特征是对环境质量要求较高,区位条件好,服务档次及水平高,休闲、康体旅游活动项目的特征明显。

近年来,为了适应旅游业由游览观光向休闲度假转变的新趋势,满足大众多元化、集聚化、高品质的休闲度假旅游需求,文化和旅游部积极探索国家级旅游度假区创建工作,在推动各地度假旅游业态发展、促进旅游业转型升级、丰富产品供给等方面发挥了重要作用。文化和旅游部根据中华人民共和国国家标准《旅游度假区等级划分》与《国家级旅游度假区管理办法》评定,截至 2023 年全国共有国家级旅游度假区 63 家,省级旅游度假区约 700 余家。

3. 森林公园

按照《中国森林公园风景资源质量等级评定》(GB/T 18005—1999)的国家标准,"森林公园(forest park)是具有一定规模和质量的森林风景资源与环境条件,可以开展森林旅游,并按法定程序申报批准的森林地域"。森林公园也是森林景观优美,自然景观和人文景观集中、具有一定规模并可供人们游览、休息或进行科学、文化、教育活动的场所。

我国从 1982 年建立第一个国家森林公园——张家界国家森林公园起,经中国森林风景资源评价委员会审议,国家林业和草原局审核批准,截至 2019 年 2 月,我国共有森林公园 3 594 处,其中国家级森林公园达 897 处。国家级森林公园是我国自然保护地体系中的重要组成部分,是普及自然知识、传播生态文明理念的重要阵地,也是森林生态旅游的重要载体。2019 年森林公园旅游收入达 10 005.45亿元,旅游收入首次突破万亿元,旅游总人数为 10.19 亿人。

森林公园按照景观质量优劣可划分三级,即国家级森林公园,省级森林公园和市、县级森林公园。

4. 自然保护区

按照《自然保护区类型与级别划分原则》(GB/T 14529—93)的国家标准,"自然保护区(natural reserve)是指国家为了保护自然环境和自然资源,促进国民经济的持续发展,将一定面积的陆地和水体划分出来,并经各级人民政府批准而进行特殊保护和管理的区域"。自然保护区是有代表性的自然生态系统、珍稀濒危野生动植物物种的天然集中分布区,有特殊意义的自然遗迹等保护对象所在的陆地。陆地水体或者海域,是依法划出一定面积予以特殊保护和管理的区域。

自然保护区又称"自然禁伐禁猎区"(sanctuary)、"自然保护地"(nature proected area)等。自然保护区往往是一些珍贵、稀有的动植物种的集中分布区,候鸟繁殖、越冬或迁徙的停歇地,以及某些饲养动物和栽培植物野生近缘种的集中产地,具有典型性或特殊性的生态系统,也常是风光绮丽的天然风景区,具有特殊保护价值的地质剖面、化石产地或冰川遗迹、岩溶、瀑布、温泉、火山口以及陨石的所在地等。

《中华人民共和国自然保护区条例》规定,在自然保护区建设方面,凡具有下列条件之一的,应当建立自然保护区:

(1)典型的自然地理区域、有代表性的自然生态系统区域以及已经遭受破坏但经保护能够恢复的同类自然生态系统区域;

(2)珍稀、濒危野生动植物物种的天然集中分布区域;

(3)具有特殊保护价值的海域、海岸、岛屿、湿地、内陆水域、森林、草原和荒漠;

(4)具有重大科学文化价值的地质构造、著名溶洞、化石分布区、冰川、火山、温泉等自然遗迹;

(5)经国务院或者省、自治区、直辖市人民政府批准,需要予以特殊保护的其他自然区域。

自然保护区以保护为其首要功能,主要供技术研究使用,也可在不违反自然生态保护原则的前提下,局部开放为观光游览场所。

自然保护区可以分为核心区、缓冲区和实验区。核心区禁止任何单位和个人进入,也不允许进入从事科学研究活动;缓冲区只准进入从事科学研究观测活动;实验区可以进入从事科学试验、教学实习、参观考察、旅游,以及驯化、繁殖珍稀、濒危野生动植物等活动。

自然保护区是一个泛称,实际上由于建立的目的、要求和本身所具备的条件不同,而有多种类型。我国根据自然保护区的主要保护对象,将自然保护区分为三大类别九个类型,即自然生态系统类(森林生态系统类型、草原与草间生态系统类型、荒漠生态系统类型、内陆湿地和水或生态系统类型、海洋和海岸生态系统类型),野生生物类(野生动物类型、野生植物类型),自然遗迹类(地质遗迹类型、古生物遗迹类型)。

自1956年我国建立了第一个自然保护区——鼎湖山自然保护区以来,至2019年底,我国自然保护区数量已达到2 750个,总面积147万平方千米,约占我国陆域国土面积的18%。其中国家级自然保护区474个,占保护区总数的17.2%,初步形成类型比较齐全、布局比较合理、功能比较健全的全国自然保护区网络。

5.地质公园

根据2002年9月国土资源部制定的《国家地质公园总体规划工作指南(试行)》,"地质公园(geopark)是以具有特殊的科学意义,稀有的自然属性,优雅的美学观赏价值,具有一定规模和范围的地质遗址景观为主体,融合自然景观和人文景观并具有生态、历史和文化价值,以地质遗址保护、文化和环境的可持续发展为宗旨,为人们提供具有较高科学品位的观光游览、度假休息、保健疗养、科学教育、文化娱乐的场所或地域"。

为了更有效地保护地质遗迹,联合国教科文组织第29次大会提出"建立具有特殊地质特色的全球地质景区网络"计划。1999年4月15日,联合国教科文组织常务委员会第156次会议在巴黎提出决定,启动联合国教科文组织世界地质公园计划(UNESCO Global Geopark),目标是每年在全世界建立20个地质公园,全球共创建500个地质公园,并建立全球地质遗迹保护网络体系。

1980年以前,我国地质遗迹多是作为其他类型自然保护区中的一项保护内容。1987年,我国开始建立一批独立的地质自然保护区。目前,我国已正式命名国家地质公园214处。评审的地质公园类型包括丹霞地貌、火山地貌、重要古生物化石产地、地层构造、冰川、地质灾害遗迹等,种类较为齐全,全面反映了我国地质环境资源的特点,其中许多公园驰名中外,如云南石林、湖南张家界砂岩峰林、江西庐山、黑龙江五大连池火山、江西龙虎山群、安徽黄山、四川海螺沟、甘肃敦煌雅丹地貌、黄河壶口瀑布等。

我国是世界地质公园的创始国之一,自 2003 年起,为积极响应联合国教科文组织倡议,我国开始创建世界地质公园。2004 年世界地质公园第一批评审,我国共有 8 处,分别是湖南省张家界、安徽省黄山风景区、云南省石林风景名胜区、广东省丹霞山、黑龙江省五大连池风景区、河南省云台山风景区和嵩山、江西省庐山风景区。经过多年实践与探索,我国世界地质公园高效高质量发展,为生态文明建设和中华文化传承做出重大贡献。截至 2020 年,我国世界地质公园数量达到 41 处,占全球 161 处的四分之一,稳居世界首位。

6. 水利风景区

根据 2013 年 11 月水利部发布的《水利风景区评价标准》(SL 300—2013),水利风景区(water park)是以水域(水体)或水利工程为依托,具有一定规模和质量的风景资源与环境条件,可以开展观光、娱乐、休闲、度假或科学、文化、教育活动的区域。水利风景区在维护工程安全、涵养水源、保护生态、改善人居环境、拉动区域经济发展诸多方面都有着极其重要的功能作用。

水利风景资源(water scenery resources)是水域(水体)或水利工程以及相关联的岸地、岛屿、林草、建筑等形成的自然和人文吸引物。

水利风景区分为水库型、湿地型、自然河湖型、城市河湖型、灌区型和水土保持型六类。不同类型的景区有不同的条件和情况,在规划建设中应因地制宜,注意突出特点,形成特色。

水利风景区可以划分为国家级水利风景区和省级水利风景区。根据《水利风景区管理办法》,国家水利风景区由水利部认定,省级水利风景区由省级水行政主管部门认定。从 2001 年起,水利部公布北京十三陵水库等 18 个水利风景区为首批国家级水利风景区,截至 2023 年水利部公布的第二十批国家级水利风景区,共有国家级水利风景区 921 家,省级水利风景区 2 000 多家。

7. 主题公园

主题公园(tourism theme park),是指为了满足旅游者多样化休闲娱乐需求而建造的一种具有创意性游园线路和策划性活动方式的现代旅游目的地形态。

主题公园按其内容大致可以分为:

(1)演绎生命发展史、展望未来、探索宇宙奥秘、科学幻想、表现童话世界和神话世界的主题公园;

(2)以表现历史文化和民俗风情的写实性主题公园;

(3)表现世界各地名胜的主题公园;

(4)以表现自然界生态环境、野生动植物,海洋生态为主的仿生性主题公园;

(5)以文学影视为主题,再现作品情节和场景的示意性主题公园;

(6)游乐园和游乐场。

8. 文物保护单位

文物(cultural relic)是人类在历史发展过程中遗留下来的遗物、遗迹。各类文物从不同的侧面反映了各个历史时期人类的社会活动、社会关系、意识形态以及当时生态环境的状况，是人类宝贵的历史文化遗产。文物的保护管理和科学研究，对于人们认识历史，创造生产力，揭示人类社会发展的客观规律，认识并促进当代和未来社会的发展，具有重要的意义。

文物是遗存在社会上或埋藏在地下的历史文化遗物。文物一般包括：

(1)具有历史、艺术、科学价值的古文化遗址、古墓葬、古建筑、石窟寺和石刻、壁画；

(2)与重大历史事件、革命运动或者著名人物有关的以及具有纪念意义、教育意义或者史料价值的近代现代重要史迹实物、代表性建筑；

(3)历史上各时代珍贵的艺术品、工艺美术品；

(4)历史上各时代重要的文献资料以及具有历史、艺术、科学价值的手稿和图书资料等；

(5)反映历史上各时代、各民族社会制度、社会生产、社会生活的代表性实物等。

对于文物，一要保护，二要利用。文物是发展旅游业的珍贵资源，核定为文物保护单位的可以依法建立博物馆、保管所，或者开辟为参观游览场所。

文物保护单位为中国大陆对确定纳入保护对象的不可移动方物的统称，并对文物保护单位本体及周围一定范围实施重点保护的区域。

文物保护单位的管理由国家文化行政管理部门——国家文物局主管，文物保护单位根据其历史、艺术、科学价值可分为三级：全国重点文物保护单位，省、自治区、直辖市级文物保护单位，县、自治县、市级文物保护单位。

纪念物、艺术品、工艺美术品、革命文献资料、手稿、古旧图书资料以及代表性实物等文物，分为珍贵文物和一般文物。珍贵文物分为一、二、三级。

截至 2019 年，我国已经公布的全国重点文物保护单位有八批。分别是 1961 年 180 处，1982 年 62 处，1988 年 258 处，1996 年 250 处，2001 年 528 处，2006 年 1 080 处，2013 年 1 990 处，2019 年 812 处，共计批准全国重点文物保护单位 5 160处。

9. 工业旅游示范区(点)与农业旅游示范区(点)

工业旅游示范区(点)(industry tourist area)是指以工业生产过程、工厂风貌、工人工作生活场景为主要旅游吸引物的旅游区(点)；农业旅游示范区(点)(agricultural tourist area)是指以农业生产过程、农村风貌、农民劳动生活场景为主要旅游吸引物的旅游区(点)。

2001 年 12 月 25 日,国家旅游局局长办公会讨论通过并确定首批 100 个工业旅游、农业旅游示范点候选单位名单,其中工业旅游示范点候选单位 39 个,农业旅游示范点候选单位 61 个。2002 年 10 月 14 日,国家旅游局局长办公会审议通过了《全国农业旅游示范点、全国工业旅游示范点检查标准(试行)》。

大力发展农业旅游和工业旅游,对于促进工、农业经济结构调整,丰富和优化旅游产品,扩大就业与再就业,加强一、二、三产业之间的相互渗透与共同发展具有十分重要的意义。

第三节　旅游区的地位与作用

旅游区不仅是旅游产品的核心和旅游业的重要支柱,而且对旅游目的地的经济发展、社会文化进步、资源和生态环境保护都具有十分重要的影响和促进作用。

1. 旅游区是构成旅游产品的核心

旅游区是旅游产品的核心部分,具有吸引旅游者的事物,能满足旅游者最基本的需求。从旅游产品的构成情况看,旅游区既是构成旅游产品的核心要素,也是激发人们的旅游动机、吸引旅游者的决定性因素。没有旅游区就没有旅游产品,也就没有现代旅游业的发展。

2. 旅游区是现代旅游业的重要支柱

旅游业是一个综合性很强的经济产业,它不仅包括向旅游者提供食、行、住、游、购、娱为核心的直接旅游服务,同时也包括其他间接服务。因此,旅游业的综合性特点决定了旅游产业结构的多元化特征。旅游业包括为旅游者服务的旅游交通业、旅游餐饮业、旅游娱乐业、旅游购物业、旅游区管理业和旅行社业等。旅游区管理业是发展旅游必不可少的行业,因此被誉为现代旅游业的重要支柱之一。没有旅游区管理业的发展,旅行社业、旅游交通业、旅游餐饮业、旅游娱乐业和旅游购物业就不能健康发展,也不能带动其他各个相关行业和部门的发展。为观光旅游、度假旅游而发展起来的旅游区管理业,直接带动了旅游交通业、餐饮业、旅店宾馆、旅游购物相关行业的发展,而旅游者的各种需求,与生产性和非生产性的众多行业息息相关。因此,可以说旅游业的发展始于旅游区的兴起。

3. 旅游区促进所在地区的经济发展

旅游区的开发和建设不仅对所在地区的旅游发展具有重要的作用,而且直接促进了旅游区所在地区的国家或地区经济发展。一方面,旅游区通过接待旅客、收取门票费和提供配套设施和服务,直接创造大量的旅游收入和税收收入,既增加了旅游区所在地居民的收入,又增加了地方政府的财政收入。尤其是在旅游区一些专门为旅游者开发和建设的旅游活动,还能够为投资者带来大量的投资收益。另一方面,随着旅游区的开发建设和经营,必然直接或间接地带动旅游区所在地的膳宿服务业、交通运输业、邮电通信业、商业、建筑建材业、医疗救护、农副产品加工及各种后勤保障等方面的发展,从而发挥旅游区的乘数效应和关联带动效应,促进旅游区所在地区的社会经济发展。

4.旅游区促进了所在地区的社会文化繁荣

旅游区作为一种具有物质实体和活动内容的旅游企业,其开发建设和经营管理都需要大量的人才。随着旅游区的建设和发展,必然为所在地提供大量的就业机会,促进旅游区所在地的劳动就业、国民经济收入的增加和生活水平的提高。同时,通过旅游区的开发和经营,不仅向国内外游客展示了各种各样的自然景观和文化特色,促进了游客与旅游区所在地居民的文化交流,而且来自世界国和地区的游客引入了世界各地的大量信息和不同的生活方式,对当地社会文化的发展也具有一定的作用。尤其是与国内外游客的大量接触,使旅游区所在地居民更多地了解了异国文化和生活方式,学习到更多的文明礼貌、礼仪礼节,这对旅游区所在地社会文化的发展和精神文明的建设给予极大促进。

5.旅游区可加强所在地区的资源和环境保护

为开发建设具有特色和吸引力的旅游区,塑造旅游区和旅游目的地良好的形象,人们在旅游区开发建设和发展过程中,高度重视对旅游资源的保护和旅游环境的美化,这对于改善景区所在地区的环境质量起到了促进作用。

【课后思考题】

1.旅游区的概念。

2.景区的概念。

3.风景区的概念。

4.旅游区的特征有哪些?

5.旅游区的类型有哪些?

6.风景名胜区的概念。

7.请举例说明我国的旅游区有哪些。

8.森林公园的概念。

9.自然保护区的概念。

10.旅游区的作用有哪些?

课程思政案例

【本次课程目标】

1.知识目标

(1)能够准确说出旅游区类型的划分依据;

(2)能够较为全面地举例说出每种类型包含的旅游景区有什么。

2.能力目标

(1)培养学生对不同类型旅游景区的总体认知和感悟;

(2)为旅游景区设计奠定感性基础。

【思政育人目标】

1.提升民族自豪感,增强文化自信;

2.生态文明:绿水青山就是金山银山,保护自然、爱护自然,人与自然和谐共生;

3.爱岗敬业,对待科学、事业勇于奉献的精神和严谨的态度;

4.中华优秀传统文化的传承和保护。

【思政要素切入点】

1.通过对我国的自然旅游资源和人文旅游资源的介绍,感知祖国的地大物博,资源丰富,名山大川,要有民族自豪感和文化自信。激发学生热爱祖国的感情和对自然的敬畏之情。

2.通过自然保护区的类型引入,看到我国独特的自然保护区生态环境的珍贵,树立学生正确的生态文明观,激发学生热爱环境、热爱自然、保护生态环境的意识,并形成大生态意识,能够从生态系统的整体自然观去保护我们的环境。

3.通过对我国老一辈科学家、植物学家生平事迹的了解,以及学习自然保护区工作人员的先进事迹,激发学生爱岗敬业、不求回报的精神,对国家保护区事业终身奉献的精神。

4.中华传统文化的悠远,诗词文化、民风民俗的传承。

【教学策略】

本教学内容是以 OBE 的教学理念为核心展开,一切以学生为中心。同时在授课内容的过程中采用了 BOPPPS 的教学模式,将授课环节进行分解,模块化,结构化,按照导入、前测、参与式学时、后测、小结的方式让学生有清晰的思路和学习过程。教师通过对课程内容的精心设计和合理编排形成结构紧凑、前后顺序符合逻辑的教学流程。在课程讲述的过程中引入大量的案例进行陈述,以图片和案例内容的形式展现,让学生理解起来更为直观和生动。在教学过程中始终保持学生的互动参与,通过提出问题,引发思考,学生回答,教师讲述,让问有所答,答有对应,使得课堂内容更为丰富。

【实施过程】

本案例课程内容采用了 BOPPPS 的教学模式,从前测到后测形成了完整的闭环设计,过程实施过程中将课程思政内容融会贯通,以互动参与、学生为核心的教学理念进行本节课的实施过程。

1. 导入环节 Bridge-in(8 分钟)

课程导入环节以 2015 年一封火遍网络的辞职信而引入,激发学生的学习兴趣。"世界这么大,我想去看看",我们去看的是什么? 引发学生的思考和想象。又以休闲旅游为主题内容的海南卫视的台标,引起学生对曾经看过的电视节目的共鸣。用"身未动,心已远"的广告宣传语再次刺激学生的听觉和视觉,让萦绕耳旁的广告语牵动人们出去旅游的心。

2. 前测环节 Pre-assessment(8 分钟)

前测环节是掌握学生对想要讲解的知识点所具有的知识基础和能力基础,从而可以更好地引入课程。前测环节中以哈尔滨市的旅游景区为例(如图 1.1)进行展开,通过对哈尔滨旅游景区排行榜的搜索,对已经出现的景点内容进行图片展示。选择学生最为熟悉的身边的旅游景区,让大家对选定的旅游景区的名字进行仔细的分析,找到每个旅游景区命名的特点。通过学生的答案,教师用前测再次加深学生对本节知识点的理解。二龙山风景区、长寿山国家森林公园、金源文化旅游区、太阳岛风景区、亚布力滑雪旅游度假区……为什么后面的后缀有如此多的变化,这和旅游区的类型有直接的关系,通过命名我们可以掌握它的具体类型。

3. 参与式学习环节 Participatory Learning(45 分钟)

参与式学习环节的内容是课程的主体部分,教师采用以学生为中心的教学手段,对旅游区的类型这个知识点进行展开,注重与学生的互动和参与,共同融入课程的教学之中。课程的具体教学内容如下,在讲述内容的过程中以"如盐在水,如花在春"般的转态引入课程思政的要素内容,让学生在学习过程中自然而然地感受情感的教育和升华。

4. 后测环节 Post-assessment(10 分钟)

后测环节是对本节课内容的一个巩固和加深,主要采用了图片连线和图片

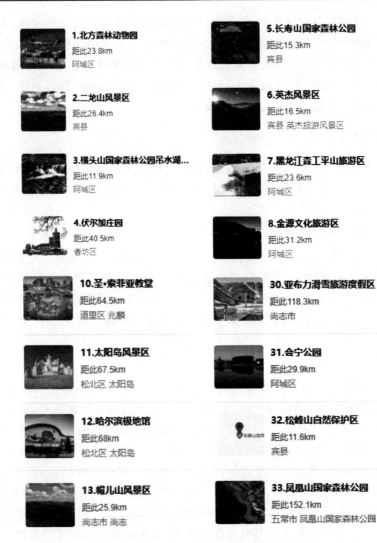

图 1.1　哈尔滨市周边旅游区

问答的形式,给学生展现各类旅游景区的图片,学生能够按照各种类型进行连线、归类,并说出它的分属类型。

5. 小结环节 Summary(4 分钟)

小结是对本节课的内容的归纳总结,通过总体框架引导学生自己归纳总结,并通过想象生动的动画,加深学生的记忆和联想,更容易掌握所学的内容。

【案例教学内容】

一、旅游区的类型

关于旅游区(旅游景区)类型的划分,尚未有统一的标准,人们建立了较多的分类形式,主要有以下几种划分方式。

1. 按旅游资源进行划分(见表 1.2)

表 1.2　按旅游资源分类

类型	定义	范例
自然景观类景区	以自然资源为依托的观赏景区	泰山、五台山、峨眉山、珠穆朗玛峰、昆明石林、西湖、黄河等一系列自然景观
人文景观类景区	指由各种社会环境、人民生活、历史文物、文化艺术、民族风情和物质生产构成的人文景观	敦煌石窟、白马寺、圆明园、都江堰、茶马古道、秦始皇陵兵马俑

(1)自然资源细分(见表 1.3)

表 1.3　自然资源分类

类型	定义	范例
地文景观类景区	主要是在自然环境的影响下,地球内里和外力共同作用形成,直接受地层和岩石、地质构造、地质动力等因素的影响而产生的景观	五台山、华山、广东肇庆七星岩、云南石林风景区、贵州织金洞、黔灵山麒麟洞、鄱阳湖口石钟山景区
水域风光类景区	属于自然景观但重点突出江河、湖海、飞瀑、流泉等水域景观	西湖、洞庭湖、黄果树瀑布、长江三峡、黄河、天山天池、青海湖
生物景观类景区	指各类由动植物为主体所组成的景观	东北长白山原始林、云南西双版纳原始森林景观、四川九寨白河自然保护区、可可西里保护区
天象与气候类景区	主要指千变万化的气象景观、天气现象以及不同地区的气候资源所构成的丰富多彩的气候天象景观	漠河和新疆阿尔泰的极光、沙漠上的海市蜃楼、峨眉山佛光、东北的雾凇

（2）人文资源细分（见表1.4）

表1.4　按人文资源分类

类型	定义	范例
历史遗址景区	依托由古代流传，保护至今，具有历史意义的资源而产生的景区	敦煌石窟、都江堰水利工程、长城、颐和园、圆明园、紫禁城、秦始皇陵兵马俑、布达拉宫
建筑物景区	通常指设计具有独创性、唯一性，具有纪念意义等重要意义的建筑物	台北101大厦、东方明珠、广东电视塔、央视演播大厦、埃菲尔铁塔、天坛、迪拜帆船酒店
博物馆景区	研究、收藏、保护、阐释和展示物质与非物质遗产，向公众开发，提供教育、欣赏、深思和知识共享等多种体验的景区	首都博物馆、大英帝国博物馆、中国国家博物馆、上海博物馆、巴黎罗浮宫
民族民俗景区	具有民族文化和民族生活氛围以及能体现各个民族传统风尚、礼节、习性的景区	云南丽江、西藏拉萨、新疆乌鲁木齐、内蒙古鄂尔多斯
关于宗教的景区	以宗教文化为依托，以相关的自然和人文资源为内容的景区	圣城麦加、耶路撒冷、梵蒂冈
关于节事节气的景区	由重要的节日庆典或特别的节日活动而独树一帜的景区	傣族泼水节、彝族火把节、巴西狂欢节

※※※课程思政要素的融入与映射

按旅游资源进行划分，可将旅游景区划分为自然景观类景区和人文景观类景区。自然景观类景区主要包括地文、水域、生物和天象等以自然天成的大自然风光为特色的旅游景区，这一类型景区得益于祖国的地大物博、地域辽阔和国土广袤。在历史发展的长河中，我国多样的气候类型和地质运动等，造就了我国的名山大川。"五岳"作为我国五大名山的总称，即东岳泰山、西岳华山、北岳恒山、中岳嵩山、南岳衡山。它们是封建帝王仰天功之巍巍而封禅祭祀的地方，更是封建帝王受命于天，定鼎中原的象征。壮阔的锦绣河山跃然眼前，山峰高耸、草原辽阔、森林葱郁、流水汩汩。从而激发学生对祖国自然山河的敬畏之情，提升对祖国的自豪感和文化自信。这是我们国家所独有的，是世界上其他国家所不具备的，体现了我国的资源丰富，从而也引起我们要保护自然资源的意识。

人文景观类景区主要包括历史遗迹、建筑物、博物馆、民风民俗、宗教和节事等。在漫长的发展过程中，勤劳的人民用自己的聪明才智、坚定不移的信念和坚韧不拔的毅力创造出一座座奇迹，栩栩如生的佛像、绵延万里的防御城墙浸透着工匠们的血汗。"万里长城永不倒""不到长城非好汉"等体现了长城这座军事防御工程的高大、坚固且绵延万里,是一道坚固的防御体系。它的分布范围广泛,横跨河北、北京、天津、山西、陕西、甘肃、内蒙古、黑龙江、吉林、辽宁、山东、河南、青海、宁夏、新疆等境内,其修建难度和时间之久远,都融入了工匠们的聪明才智,也是诸多劳力用生命和血汗所构筑的世界奇迹。他们的勤劳、无畏、坚毅的精神是我们现在所要学习和发扬的。

圆明园作为文化艺术的集大成者,被英法联军抢夺、火烧。这片废墟体现了宝贵文化的价值和中华民族软弱屈辱的历史。翻开中华民族的历史,我们曾有过汉武唐宗的雄风:四方来朝,百族相贺。我们也曾有过近百年的屈辱历史:国土任人肆意践踏,国家贫穷落后,统治者狂妄自大,国民愚昧无知。时光已逝,中华民族正在崛起腾飞。

2. 按景区提供的产品类型进行划分

(1)观光游览型(自然风光、古建筑、园林等)。

把观光型凝练成一个"看"字,看精湛造园技艺的留园、浪漫的樱花、辽阔的草原。"五岳归来不看山,黄山归来不看岳"。黄鹤楼作为军事防御工程,却因崔颢一首题为《黄鹤楼》的诗文让其闻名天下。"昔人已乘黄鹤去,此地空余黄鹤楼。黄鹤一去不复返,白云千载空悠悠。晴川历历汉阳树,芳草萋萋鹦鹉洲。日暮乡关何处是,烟波江上使人愁。"

※※※课程思政要素的融入与映射 1

"昔人已乘黄鹤去,此地空余黄鹤楼。黄鹤一去不复返,白云千载空悠悠。晴川历历汉阳树,芳草萋萋鹦鹉洲。日暮乡关何处是,烟波江上使人愁。"黄鹤楼因为武力而建,却是因为文学而闻名遐迩。三国时,吴王孙皓建造黄鹤楼,是为了三楚地区的防务,西拒刘蜀,北抗曹魏,进而逐鹿中原,以成就他千古霸业。直到唐初,黄鹤楼在历史上的角色,一直是江边防务的一个军事场所。崔颢一曲千古绝唱,让黄鹤楼完成了华丽的转身,文学魅力不可低估。通过对古诗词的诵读,不仅加深了学生对黄鹤楼的印象,深入体会到观光型产品的"看"的特色,同时领略古典诗词文化的博大精深,加深大家对诗词文化的学习,从而将大语文更加发扬光大。中华传统造园技术博大精深,作为世界园林之母的古典园林,是中华传统文化的代表,是现代造园学习的典范。

(2)度假休闲型(康体疗养、运动健身、娱乐消遣)。

把度假型凝练成一个"玩"字,尽情玩乐,开心。

(3)体验型(民风民俗、节庆活动、宗教仪式等)。

把体验型凝练成一个"浸"字,沉浸其中,感受民风民俗、节庆活动的魅力。

※※※课程思政要素的融入与映射 2

华夏大地民族众多,汉民族在不断地融合中发扬光大。蔚县打铁花、南京秦淮灯会,传承了深厚的传统民俗文化,加深了年轻人对过年习俗的仪式感。

(4)知识型(文物古迹、博物展览、自然奇观等)。

把知识型凝练成一个"学"字,感受"读万卷书,行万里路"的伟大志向。不断地探索和学习。

※※※课程思政要素的融入与映射 3

"读万卷书不如行万里路",这个论断就是让学生在更多的真实环境中实体感知,更富有乐趣,更具有生动的意义。我国保留下来的文物、历史遗迹等具有重要的历史文化价值,在展示和追忆历史的过程中,能够让人们在学习的过程中,提升民族自豪感和文化自信,并能体会科学研究、文物科考过程的专业态度和艰难的历程。

3.按景区的功能、目标与管理方式进行划分

(1)经济开发型旅游景区(见表 1.5)。

表 1.5　经济开发型旅游景区

类型	定义	范例
主题公园	是根据某个特定的主题,采用现代科学技术和多层次活动设置方式,集诸多娱乐活动、休闲要素和服务设施于一体的现代旅游目的地	迪士尼、欢乐谷、海洋公园
旅游度假区	是指符合国际度假旅游要求,接待海内外旅游者为主的综合性旅游区,有明确的地域界限,适于集中设配套旅游设施,所在地区旅游度假资源丰富,客源基础良好,交通便捷,对外开放工作已有较好的基础	北海银滩国家旅游度假区、三亚亚龙湾旅游度假区

(2)资源保护型旅游景区(见表 1.6)。

表 1.6　资源保护型旅游景区

类型	定义	范例
风景名胜区	有观赏、文化或科学价值,自然、人文景观集中,供人们游览或活动的区域	黄河壶口瀑布风景名胜区、贵州黄果树风景名胜区、广西桂林漓江风景名胜区
旅游度假区	有明确地域界线,适于集中建设配套旅游设施,有良好的资源和客源基础,交通便捷	大连金石滩、深圳东部华侨城旅游度假区、三亚亚龙湾旅游度假区
森林公园	有一定规模和质量的森林资源,按程序批准设立,为公众提供服务、活动的区域	湖北神农架、湖南张家界、黑龙江茅兰沟

续表1.6

类型	定义	范例
自然保护区	对有代表性的自然生态系统、珍稀濒危野生动植物物种、有特殊意义的自然遗迹等进行保护和管理的区域	卧龙自然保护区、可可西里自然保护区、齐齐哈尔扎龙自然保护区
地质公园	有特殊地质科学意义,具有一定规模和分布范围的地质遗迹景观主体	黑龙江五大连池世界地质公园、江西龙虎山世界地质公园、云南石林世界地质公园
水利风景区	依托水域或水利工程,开展观光、休闲、科考、教育活动	湖北宜昌三峡大坝、云南丽江泸沽湖景区、四川都江堰风景区
主题公园	以营利为目的,具有特定文化主题,提供有偿服务体验的园区	上海迪士尼、香港海洋公园、广州长隆
文物保护单位	具有历史、艺术、科学价值的古文化遗迹、遗址等	北京圆明园遗址公园、广州光孝寺、上海孙中山故居纪念馆
工业旅游示范区(点)与农业旅游示范区(点)	以工业、农业的生产过程、风貌、场景等为吸引物的景点	北京中农雨林休闲农场、伊利乳都科技示范园、沈阳华晨宝马铁西工厂
历史文化名城名镇名村	具有重大历史价值或纪念意义,能完整反映一些历史时期传统风貌和地方民族特色的村镇	北京密云古北口镇、安徽黟县宏村、福建上杭古田镇

※※※课程思政要素的融入与映射1

映射点一

1956 年,一群科学家提出了划定天然森林禁伐区,保存自然植被以供科学研究的提议,中国第一个自然保护区——鼎湖山国家级自然保护区建立,完好地保存了这片原始森林。

陈焕镛是我国近代植物分类学的开拓者和奠基人之一,1919 年获得哈佛大学林学硕士学位后毅然回国。在哈佛大学就读期间,他了解到中国的植物资源曾被外国人大量采集,模式标本存放于欧美各标本馆,原始文献散见于各国出版的刊物,便萌发了自己研究中国植物的念头,要开发祖国植物资源,改变我国植物学研究的落后面貌。老一辈科学家们放弃了国外优越的生活条件和研究平台,毅然回国,报效祖国,为祖国的植物研究事业贡献终身。在建立鼎湖山自然保护区的过程中,他亲自丈量,用自己的双脚留下了坚实的印记。他不畏艰辛、不怕吃苦、认真钻研的科学态度是我们学习的典范。在物质生活极大丰富的今天,我们更要静下心,认真地做科研,为祖国的科研事业贡献力量,为祖国的繁荣昌盛贡献力量。

映射点二

优异独特的自然环境造就了野生动植物的天堂,自然保护区是大自然的神奇产物。四川卧龙国家级自然保护区被称为"熊猫王国";齐齐哈尔滨扎龙自然保护区被誉为"仙鹤的故乡",保护区内湖泊星罗棋布,水草丛生,是水禽的天然乐园。

一首名为《一个真实的故事》的歌,讲述了女孩徐秀娟夜里寻找不归的丹顶鹤,跌落池沼而牺牲的事。她敬业、执着、有爱心、有恒心,在丹顶鹤孵化、饲养、驯养等方面成果突出。

※※※课程思政要素的融入与映射2

我国一共有 41 个世界地质公园,而我们黑龙江省就有 2 个,我们为家乡而感到骄傲。

通过一个案例引入问题的讨论(15 分钟)。

案例　九寨沟风景区的发展历程

九寨沟位于四川省阿坝藏族羌族自治州九寨沟县境内,是一条纵深 50 余千米的山沟谷地,遍布原始森林,沟内分布 108 个湖泊。因有 9 个藏族村寨(又称何药九寨)而得名,是中国第一个以保护自然风景为主要目的的自然保护区。

历史沿革过程:

20 世纪 60 年代,是林场的砍伐地。

20 世纪 70 年代,成为国家森林公园。

1982 年国务院批准九寨沟为国家级风景名胜区,且被列为国家自然保护区。

1984 年成立管理局,九寨沟正式作为风景区对外开放。

1992 年 12 月 14 日,九寨沟与黄龙列入《世界自然遗产名录》。

1997 年被纳入世界人与生物圈保护区。

2000 年评为中国首批 AAAA 级旅游景区。

2007 年 5 月 8 日,经国家旅游局正式批准为国家 AAAAA 级旅游景区。

※※※课程思政要素的融入与映射3

通过对九寨沟的发展历程的讨论,可以看到我国对景区的管理有些混乱,出现了交叉,无法整合统一的"九龙治水"的管理格局。在同一个自然资源分布地区,同一个生态系统,既分布有自然保护区,也分布有风景名胜区、自然遗产、地质公园,多种不同的管理目标叠加。2018 年国家机构改革中,撤销国家林业局,重设国家林业和草原局,由自然资源部管理。"国家林业和草原局"的设立,统筹森林、草原、湿地监督管理,统一"山水林田湖草"这一生命共同体,加快建立以国家公园为主体的自然保护地体系,保障国家生态安全。国家机构的合并管理,体现了大生态观。党的十九大报告深刻论述了生态文明建设的重要性,2018 年成立的国家公园管理局确定未来自然资源保护是以国家公园为主体的自然保护地体系,对原有的风景区规划体系结构进行重大调整,使我国的生态文明在国家主导下更好地发展。

4. 按旅游景区质量等级进行划分(见表 1.7)

景区分级的目的主要是根据景区资源吸引力和保护的级别进行分级管理。景区质量等级划分为五级,从高到低依次为 AAAAA、AAAA、AAA、AA、A 级旅游景区。旅游景区质量等级的标志、标牌、证书由国家旅游行政主管部门统一规定并颁发。旅游景区质量等级的标志、标牌、证书由国家旅游行政主管部门统一规定并颁发。

表 1.7　旅游景区五级系统分类

类型	范例
AAAAA 级旅游景区	故宫博物院、天坛公园、颐和园、九寨沟 、九华山、太阳岛
AAAA 级旅游景区	孔子庙、平遥县镇国寺、滕王阁、江西凤凰沟景区
AAA 级旅游景区	北京中华文化园、天津戏剧博物馆(广东会馆)、洛阳花果山
AA 级旅游景区	巴州金海湾疗养培训中心、乌鲁木齐燕尔窝风景区、西藏昌都地区然乌湖、昆明岩泉风景区
A 级旅游景区	汉中秦巴民俗园、西安鸿门宴遗址、西藏拉萨市热堆寺卓玛拉康、敦煌白马塔景区

《旅游景区质量等级的划分与评定》依据《旅游景区质量与环境质量评分细则》《旅游景区景观质量评分细则》《游客意见评分细则》三大细则,强化以人为本的服务宗旨,增加细节性、文化性和特色性,对 AAAAA 级旅游景区评定做出详细划分,见表 1.8。

表 1.8　《旅游景区质量等级的划分与评定》对 AAAAA 级旅游景区评定

评分细则		评定项目
细则一	服务质量与环境质量	旅游交通、游览、旅游安全、卫生、邮电服务、旅游购物、综合管理、资源和环境保护
细则二	景观质量	资源吸引力、市场吸引力
细则三	游客意见	游客抽样满意度调查
游客量(万人次)	海内外旅游者	60
	海外旅游者	5

【课后拓展作业】

我国 AAAAA 级旅游景区在不断地申报评审、通过、除名,真是几家欢喜几家愁。AAAAA 级旅游景区作为全国旅游景区（点）的最高评定级别，是我国的精品旅游区。你的家乡有哪些 AAAAA 级旅游景区，数一数你去过几个 AAAAA 级景区，给自己立个小目标，完成人生的 AAAAA 级旅游景区打卡。

【取得成效】

在 2 个学时共计 90 分钟的课程时间内，通过以学生为主的教育手段，采用 BOPPPS 的教学结构对课程进行分解，采用了教师启发式提问，学生开阔性回答，并有深入的问题讨论，在教学内容展示方面，通过大量的图片案例进行讲述。

在课程内容指点讲授的过程中自然而然地融入思政要素，达到"如盐在水，如花在春"的效果。在本节课程中，思政元素融入较多，有明确的思政育人主渠道和主方向性，从家国情怀、民族自豪感、民族自信心到中国传统文化的传承；老一辈科学家为祖国献身，爱岗敬业，不畏艰辛，不图回报等，以及对自然环境的保护，大生态文明观的建立等。总之，通过本节课的学习，不仅让学生很好地掌握了所学的知识点，更达到了思政育人的作用，情感上得到升华。

【教学反思】

旅游区主题公园规划设计是一门建立在自然学科和人文学科基础之上的应用型学科，应用性极强，首要目标就是培养高素质复合型创新人才。旅游区类型这一知识点的内容就具有非常广泛的知识内容，要具有深厚的地理知识、旅游知识、历史知识等，要求教师有极高的综合性能力。只有这样，教师在讲授每一景区时才能更好地融入历史故事、文化传统，让课程更生动、更丰富。不仅拓展了学生的专业知识内容，更达到了综合性育人的目标，实现了教学和育人双向结合。因此，教师要不断地提升自己，不断地学习、改革和创新，提升自我的课程思政意识与能力，并且不断探索、更新教学内容，改善教学方法，创新教学手段，充分发挥专业课程"立德树人"的主渠道作用。可在以下两个方面进行提高和改善。

1. 在优化教学结构的同时要进一步开拓思政元素的多元化，多方向导入，抓住每一个可以引发的内容，进行细化提炼思政元素，从而进行有效的设计和引入课程教学。

2. 加强大量实践案例的引入，给学生更多的自由探索和展开讨论的时间，让学生成为课堂的主体，教师起到更好的引导作用。

第二章　旅游资源的调查与评价

【教学目标】

了解旅游资源调查的方法；理解旅游资源调查和评价的作用和地位；掌握旅游资源的类型；能够对给定区域进行旅游资源评价。

【教学要求】

能够对旅游资源进行归类，能够进行旅游资源的评价。

【教学重点】

旅游资源的概念、旅游资源的不同分类、旅游资源调查的内容和方法。

【教学难点】

旅游资源不同类型的设计举例和分法，以及如何进行旅游区的旅游资源评价。

第一节　旅游资源概述

一、风景溯源

1. 景

景即风景、景致，境域的风光，也称风景。是指在园林中，自然的或经人为创造加工的，并以自然美为特征的，供游息欣赏的空间环境。景是园林的主体和欣赏的对象。

2. 风景

风景即风景资源，是由光对物的反映所呈现的景象，尤指风光、景物、景色等。风景可包括自然景观和人文景观。

3. 景观

景观指可以引起视觉感受的某种景象，或一定区域内具有特征的景象。

4.景点

景点是构成景区的基本单元。凡是具有欣赏价值的观赏点都可称为景点,是具有独立观赏内容的风景单元。景点由若干相互关联的景物构成,具有相对独立性和完整性,具有审美特征的基本境域单位。

5.景群

景群是由若干相关景点构成的景点群落或群体。

6.景区

景区由若干景点组成。在风景区总体规划中,根据景源类型、景观特征或游赏需求划分的一定范围,包含有较多的景物和景点或若干景群,形成相对独立分区特征的空间区域。

7.风景线

风景线也称景线。由一连串相关景点构成的线性风景形态或系列。

8.游览线

游览线也称游线,是为游人安排的游览欣赏风景的路线。

9.风景资源

风景资源也称景源、景观资源、旅游名胜资源、风景旅游资源,它是指能引起审美与欣赏活动,可作为旅游游览对象和旅游开发利用的事物或因素的总称。风景资源是构成旅游环境的基本要素,是旅游区产生环境效益、社会效益、经济效益的物质基础。

二、旅游资源概述

1.旅游资源的概念

按照国家旅游局制定的《中国旅游资源普查规范》的定义,所谓旅游资源是指自然界和人类社会凡能对旅游者产生吸引力,可以为旅游业开发利用,并可产生经济效益、社会效益和环境效益的各种事物和因素。国外常将旅游资源称为旅游吸引物。

(1)旅游资源是客观存在的。

旅游资源是客观存在的,是旅游业发展的物质基础。有自然进化中天然形成的,如高山、溶洞、雾凇、瀑布等,也有人类社会创造的,如宫殿、桥梁、园林等,有具象的,如风景名胜、文物古迹、购物场所等,也有抽象的如社会风气、文明程度等。这些都是客观存在的。

（2）旅游资源对旅游者具有吸引力。

对旅游者具有吸引力是确定旅游资源概念的前提条件。

（3）旅游资源能够为旅游业开发和利用，并产生经济效益。

2. 旅游资源的存在形式

旅游资源的存在形式包括有形旅游资源和无形旅游资源。有形旅游资源是指一切实物资源，包括名山大川、人文建筑、生物景观等。无形旅游资源指一切非实物资源，如神话传说、历史典故、重大事件等。我国的大多数景区都是有形旅游资源和无形旅游资源的综合体。如雷峰塔与《白蛇传》，龙虎山与道教等。

3. 旅游资源的特点

旅游资源作为一种特殊资源，既有世界上一般资源的共同属性，也有与其他资源所不同的自身特性。

旅游资源是地理环境的一部分，具有地理环境组成要素的时空分布特征和动态特征；旅游资源是旅游现象的载体，作为旅游业不可或缺的一部分，具有经济特征；旅游现象是随着人们物质文化生活水平的提高而产生的，因此旅游资源还具有文化属性。

（1）旅游资源的空间特征。

①广泛性：旅游资源类型多样复杂，自然风光、文物古迹、民俗风情、传说典故、时尚购物、高楼大厦。

②区域性：北雄南秀，古镇、城市、海滨，云南、甘肃、西藏、新疆。

③综合性：较大部分的旅游资源不是单一存在，而是综合分布。

（2）旅游资源的时间特征。

①季节性：春有百花秋有月，夏有凉风冬有雪。我国地域辽阔，气候多样，造就了不同季节的资源特色。如春季西藏林芝的桃花沟，江西婺源的油菜花田；夏季北戴河的海滨浴场和内蒙古呼伦贝尔大草原；秋季北京香山红叶和北大荒丰收的热闹场景；冬季哈尔滨的冰雪梦幻乐园——冰雪大世界和牡丹江的雪乡。这些不同季节呈现的旅游资源成为吸引游客的重要组成。

②时代性：时代性表现在随着时间的流逝，体现了物是人非和更重要的教育意义。如北京故宫，这里曾是明清两代重要的皇家宫殿，是皇帝们的办公居住地，而现在的故宫博物院被誉为世界五大宫之一，被联合国教科文组织列为"世界文化遗产"，是中国古建筑群的典范。重庆歌乐山渣滓洞曾经是囚禁革命先烈的监狱，现在是红色教育基地。

③变异性：三峡大坝，曾经的三峡游览，部分景点因工程而消失。

第二节　旅游资源的分类

我国旅游资源品种多、分布广、"储量"丰富,有着极大的开发利用潜力。为了深入认识与研究旅游资源,以便更好地予以开发利用,更大限度地满足旅游者的需求和取得良好效益,必须对旅游资源进行科学分类,这是一项既有理论意义又具有实践意义的工作。旅游资源的分类,许多学者从不同的角度进行研究,提出不同的分类体系。

一、按资源的本身属性、性质和成因划分

我国是一个山川秀丽、风景宜人的国家,丰富的自然景观早就闻名于世,为中外游人所青睐,遍布大江南北、祖国东西。旅游资源可分为自然旅游资源和人文旅游资源两大类。下分为 12 个基本类型,72 个类型。

(1)自然旅游资源(山水、气象气候、动植物等)。

自然旅游资源,是指地球表面自然存在的各种自然地理要素,它从地球出现就存在,并随着地表自然变迁而变化。它也是人文景观形成的物质基础。

(2)人文旅游资源(文物古迹、文化艺术等)。

人文旅游资源是人类文化与自然景物结合的表现,是人类创造的景观。它不仅受自然环境的影响,而且更多地受社会经济、政治、文化以及人类自身的制约。

二、按《旅游资源分类、调查与评价》划分

《旅游资源分类、调查与评价》(GB/T 18972—2017)由国家质量监督检验检疫总局 2017 年颁布。这一分类主要采用主类、亚类、基本类型 3 个层次。划分 8 个主类、23 个亚类、110 个基本类型(如图 2.1)。每个层次的旅游资源类型有相应的汉语拼音代号。

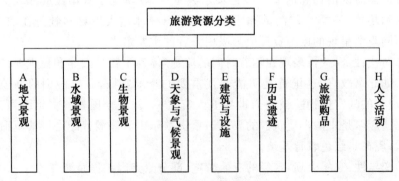

图 2.1　旅游资源分类

三、按《旅游名胜区规划规范》划分

按《风景名胜区总体规划标准》(GB 50298—2018)要求将旅游资源分类筛选,划分为三个层次结构,即大类、中类、小类。大类按习惯分为自然和人文两类;中类属于种类层,分 8 个类型;小类是形态层,是旅游资源的具体对象(见表 2.1)。

表 2.1　旅游资源的分类

大类	中类	小类
自然景观	1.天象	日月星光、虹霞蜃景、风雨阴晴、气候景象、自然声像、云雾景观、冰雪霜露、其他天象
	2.地景	大尺度山地、山景、奇峰、峡谷、洞府、石林石景、沙景沙漠、火山溶洞、蚀余景观、洲岛屿礁、海岸景观、海底地形、地质珍迹、其他地景
	3.水景	泉井、溪流、江河、湖泊、潭池、瀑布跌水、沼泽滩涂、海湾区域、冰雪冰川、其他水景
	4.生景	森林、草地草原、古树名木、珍稀生物、植物生态种群、动物群栖息地、物候季相景观、其他生物景观
人文景观	1.园景	历史名园、现代公园、植物园、动物园、庭宅花园、专类游园、陵园墓园、其他园景
	2.建筑	风景建筑、居民宗祠、文娱建筑、商业服务建筑、宫殿衙署、宗教建筑、纪念建筑、工交建筑、工程构筑物、其他建筑
	3.胜迹	遗址遗迹、摩崖题刻、石窟、雕塑、纪念地、科技工程、游乐文体场地、其他胜迹
	4.风物	节假庆典、民族民俗、宗教礼仪、神话传说、民间文艺、地方人物、地方特产、其他风物

四、按利用方式和效果划分

(1)游览鉴赏型:优美自然风光、著名古建筑及园林等。

(2)知识型:文物古迹、博物展览、自然奇观等。

(3)体验型:民风民俗、节庆活动、宗教仪式等。

(4)康乐型:度假疗养、康复保健、人造乐园等。

五、按开发利用的变化特征,并结合资源的性质、成因划分

(1)原生性旅游资源。

原生性旅游资源是指那些在成因、分布上具有相对稳定和不变特点的自然、

人文景观和因素(山川风光、生物景观、气候资源、文物古迹、传统民族习俗和风情、传统风味特产)。

(2)萌生性旅游资源。

萌生性旅游资源是指成因、分布上具有变化特征的自然、人文景象和因素(现代建筑风貌、现代体育文化科技、社会新貌与民族新风尚、博物馆与展览馆、名优特新产品及美食购物场所、自然力新作用遗迹、人工改造大自然景观)。

六、按旅游动机不同划分

(1)心理方面:宗教圣地、重大历史事件、探亲等。
(2)精神方面:科学知识、消遣娱乐、艺术欣赏等。
(3)健身方面:沙疗、温泉疗、各项运动等。
(4)经济方面:各地土特产等。
(5)政治方面:国家政体状况、各种法律等。

七、按旅游资源结构划分

(1)旅游景观资源(自然旅游景观资源、人文旅游景观资源、社会民俗资源等)。
(2)旅游经营资源(旅游用品工业资源、旅游食用资源、旅游人才资源等)。

八、按旅游资源动态划分

(1)稳定类旅游资源。
①长久稳定型:宗教圣地、古建筑、山岳、江湖等。
②相对稳定型:造型地貌、瀑布、冰川等。
(2)可变类旅游资源。
①规律变化型:泉水、候鸟、云雾等。
②不规则变化型:海市蜃楼、现代建筑风貌等。

上述各种分类系统,都有其各自的特点和功能。例如旅游资源的动态分类,把旅游资源从固定不变的形象转变为生动活泼、可以变化可以改造的事物形象,增加了旅游资源的活力感。把旅游资源与旅游者心理活动、开发者、经营者有机地联系起来。

第三节　旅游资源调查

一、旅游资源调查概述

1. 旅游资源调查的概念

旅游资源调查是指运用科学的方法和手段,有目的地系统收集、记录、整理、分析和总结旅游资源及其相关因素的信息与资料,以确定旅游资源的存量状况,并为旅游经营管理者提供客观决策依据的活动。

2.旅游资源调查的目的

旅游资源调查的主要目的是围绕旅游业发展的需求,为旅游业的发展查明可供利用的旅游资源状况,系统而全面地掌握旅游资源的类型、特点、数量、规模、质量、级别、成因、时代、价值、密度、地域组合、季节性变化及所在的区位环境状况等,为旅游资源评价、分级分区、开发规划、合理利用和保护做好准备,为旅游业发展提供决策依据。

(1)了解和掌握区域内旅游资源的基本情况,建立区域旅游资源数据库。

(2)为旅游区的开发规划与实施管理提供坚实的基础资料,为制定开发导向提供有力证据。

(3)促进区域内旅游资源的保护,能够使全社会意识到旅游资源的重要性,从而为保护现有资源奠定基础,有助于日后新资源的发现。

3.旅游资源调查的意义

(1)有利于掌握资源的赋存现状(蕴含、储存)。

(2)有利于明确旅游开发方向。

(3)有利于资源的科学保护。

(4)有利于旅游产业可持续发展。

4.旅游资源调查的原则

(1)双重身份原则。

(2)真实可靠性原则。

(3)创造性原则。

(4)取优去劣原则。

二、旅游资源调查的类型

《旅游资源分类、调查与评价》(GB/T 18972—2017)主要从地理特征的角度将旅游资源调查分为"旅游资源概查"和"旅游资源详查"两种类型。

1.旅游资源概查

旅游资源概查适用于了解和掌握整个区域旅游资源全面情况的旅游资源调查;要求对全部旅游资源单体进行调查,提交全部"旅游资源单体调查表"。

由于受时间、资金、人力、物力等因素的限制,旅游资源概查是在第二手资料分析整理的基础上,进行的一般状况调查。主要任务是对已知点进行调查、核实、校正,或根据其他专业资料对潜在旅游资源进行预测的验证。可在大范围内进行调查,确定资源的基本状况及分析规律;也可以在小范围内,对指定区域做现状调查。

旅游资源概查的方式周期短、收效快,但信息损失量大,容易对区域内旅游资源的评价造成偏差。

2. 旅游资源详查

旅游资源详查适用于了解和掌握特定区域或专门类型的旅游资源调查;要求对涉及的旅游资源单体进行调查。

旅游资源详查是带有研究目的或规划任务的调查,通常调查范围较小,可使用大比例尺地形图进行。除了对调查对象的景观类型、特征、成因等进行深入调查外,还要对景观的地形高差、观景场地、最佳观景位置、进入游览路线及其与环境的关系诸方面进行实地勘察、测量。

旅游资源详查这种方式,目标明确、调查深入,但应以概查成果为基础,避免脱离区域背景的单一景点静态描述。

三、旅游资源调查的方法

1. 方案调查法(资料分析法)

通过收集旅游资源的各种现有数据和情报资源,从中摘取与之有关的内容。收集现有资料包括广泛存在于书籍、报刊、宣传材料上的有关调查区域旅游资源的资料,临近地区旅游资源的情况和旅游主管部门及进行过部分或局部调查的机构或研究人员保留的有关文字资料、影像资料及地图资料。这些二手资料可以使调查者对调查区旅游资源概况形成一个笼统的印象,便于野外实地调查。其优点是速度快,可在短时间内形成整体性印象。

2. 访问调查法

这是旅游资源调查的一种辅助方式,访谈访问是这种方法最常用的方法。包括直接访问和间接访问。直接访问的调查对象应具有代表性,如各主要部门领导、老中青年及学生。

3. 田野调查法

这是最基本的调查方法。调查人员只有通过实地观察、调查、测量、记录、描绘、摄像等才能获得宝贵的第一手资料,对亲眼所见、亲耳所闻的旅游资源形成直观全面的系统认识。实地勘察是一项艰巨的劳动,应尽可能地细致深入,勇于探索,善于发现,才能发掘出旅游资源的真正价值。有条件的情况下,随时摄影录像,并将现场不能判明的资料,提取标本,再做分析。

4. 专家调查法

一般通过多轮次相关专家的意见征询,多所研究的问题的影响因子体系按其权重值进行打分,渐次集中形成征询意见,从而对所调查研究问题得出结论的一种方法。

5. 数理统计分析法

根据数理统计、数学分析等原理和方法,对旅游资源所获得的相关资料进行分析、汇总、统计、分类、对比,从而得出旅游资源定量化信息的一种方法。(SPSS 软件)

6. 遥感调查法(现代科技分析法)

卫星或航测图片,经处理、加工、判读、转绘等,将区域范围内的旅游资源有选择地予以查明。

遥感技术已应用于旅游资源的调查,因为航片、卫片有视野广阔、立体感强、地面分辨率高等优点,还可以节约人力、物力、时间,提高工作效率,发现野外调查不易发现的景物,为开发旅游资源提供可靠的线索。尤其还能在人迹罕至、山高林密、险坡、常规方法无法穿越的地区调查和监测管理。

四、旅游资源调查的内容

1. 环境条件调查(旅游资源形成的背景条件)

环境条件调查主要在于了解和掌握调查区内的基本情况,从而找出资源的整体特色及内在联系。

(1)自然环境:调查区自然环境状况、地质地貌要素、水体要素、气象气候要素、土壤和动植物要素。

(2)人文社会环境:历史沿革、经济社会环境、法制环境、交通、供水、文化、医疗卫生等基础条件。

(3)市场环境调查:客源地的经济,居民人口消费水平等,当地旅游业的发展水平和当地居民对发展旅游业的态度。

(4)环境质量:影响旅游资源开发利用的环境保护情况。

2. 旅游资源本体状况调查

一个地区的旅游资源是由多种资源类型组成的,每一种类型又包含若干种要素。旅游资源调查首先要调查组成景观的各种要素。

旅游资源本体状况包括:旅游资源的类型、数量、特征、成因、级别、规模、组合结构等基本情况的调查,与旅游资源有关的重大历史事件、社会风情、名人活动、文艺作品等。搜集调查区的资源与分布图、景区或景点、景物以及历史活动照片、录像等有关资料。

3. 重点旅游资源调查

对重点旅游资源,提供尽可能详细的资料,包括类型描述、特征数据、环境背景和开发现状等。

（1）已知旅游区及外围资源调查：充分挖掘其资源潜力。

（2）重点景区的调查：具有特色的大型旅游景观；具有特殊功能的旅游景观；适合科学考察和专业学习的旅游景观；独有的旅游资源。

（3）交通沿线和枢纽点调查：可进入性高，便捷（节点）。

五、旅游资源调查的步骤

1. 调查准备阶段

（1）成立调查小组。

调查人员应由不同管理部门的工作人员、不同学科方向的专业人员及普通调查人员组成。要求调查人员应具有旅游资源、旅游开发相关的专业知识，并对调查组人员进行相关的技术培训，如资源分类、野外方向辨别、图件填绘、伤病急救处理、基础资料获取等。

（2）制订旅游资源调查的工作计划。

调查的工作计划和方案，由调查小组负责人拟定。包括调查的目的、调查区域的范围、调查对象、主要调查方式、调查工作时间表、调查精度要求、调查小组内的人员分工、调查成果的表达方式、投入人力与财力的预算等内容。

（3）设计旅游资源调查表和调查问卷。

《旅游资源分类、调查与评价》（GB/T 18972—2017）把旅游资源分为 8 个主类、23 个亚类、110 个基本类型。要依据以上文件，结合调查区域旅游资源分布、类型、数量的大致情况，设计旅游资源调查表和到相关部门进行调查的调查问卷，并将填表要求及调查注意事项，编制成与表格和问卷并行的书面文件，便于实际调查工作中的协调和统一。

（4）考察器具、物品等物质装备。

在实施调查前，要把调查所需的器具、物品等准备好，为获得第一手资料打下物质基础，需准备的装备有笔记本、调查问卷、调查表、罗盘、小铁锤、摄像机、照相机、水壶、干粮及地形图、航片、卫片等，以备急需。

2. 调查实施阶段

（1）收集第二手资料。

第二手资料是指为其他目的和用途而制作、收集的证据、数字、图件和其他现成的信息资料，但能为目前的旅游资源调查项目所利用。第二手资料是现有资料，获取速度快且节省费用，并有助于加强第一手资料的收集工作。收集渠道可以是旅游管理部门、旅游企业、旅游行业内部的各种相关材料；可以是各种已经公开发表的旅游刊物、年鉴、报纸、专辑、学术研究资料；可以是有关国际或区域旅游组织和专业旅游资源调查研究机构的年报及其他相关资料;还可以是国际、国内、区域、局域计算机网络上的相关信息资料等。

(2)收集第一手资料。

第一手资料又称实地调查资料,它是调查人员为了目前的调查目的专门收集的各种原始资料。尽管第二手资料是实地调查的基础,也可以得到实地调查无法获得的某些资料,并能鉴定第一手资料的可信度,但第二手资料并不能取代第一手资料,必须收集一定数量的原始资料予以补充。实地勘察时要填写"旅游资源单体调查表""旅游资源调查实际资料图",同时也要发放"旅游资源调查问卷"。

3.整理分析阶段

(1)整理资料。

主要是把收集的零星资料整理成有系统的、能说明问题的情报。包括对文字资料、照片、录像的整理,以及图件的编制与清绘等内容。首先,对资料进行鉴别、核对和修正,审核资料的适用性与准确性,剔除有错误的资料,并补充、修正资料,使其达到完整、准确、客观、前后一致。其次,应用科学的编码、分类方法对资料进行编码与分类,以便于分析利用。最后,采用常规的资料储存方法或计算机储存方法,将资料归卷存储,以利于今后查阅和再利用。

(2)分析资料。

经过整理后的资料、数据和图件,应能表示某种意义,只有通过调查人员的分析解释,才能对资源调查项目产生作用。一般需要借助一定的统计分析技术,才能科学地测定它们之间的关系,认识某种现象与某个变化产生的原因,把握其动向与发展变化规律,并探求解决问题的办法,对该调查结果提出合理的行动建议。

(3)编写旅游资源调查报告。

旅游资源调查报告既能够为决策部门提供客观的决策依据,又能够体现该调查项目的全部调查活动,是旅游资源调查的文字总结。报告中应包括旅游资源调查的范围、对象、时间、组织、方法;旅游资源的分布、类型、数量、特征、开发利用现状、保护情况、开发利用条件和简单的评价,建立旅游资源档案;对旅游资源的开发利用提出建议等内容,这些都是进行旅游规划的重要依据。

其总体流程如图2.2所示。

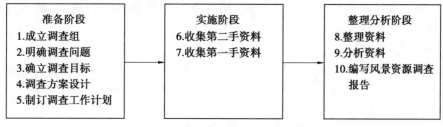

图2.2　旅游资源调查的总体流程

六、旅游资源调查的深度要求

1. 测量资料

(1)地形图。

小型旅游区图纸比例为：1：20 00～1：10 000

中型旅游区图纸比例为：1：10 000～1：25 000

大型旅游区图纸比例为：1：25 000～1：50 000

特大型旅游区图纸比例为：1：50 000～1：200 000

(2)专业图。

航片、卫片、遥感影像图、地下岩洞图、河流测绘图、地下工程等管线网测绘图等。

2. 自然资源资料

(1)水文资料。

江河湖海的水位、流量、流速、水量、水温、洪水淹没线；江河区的流域情况、流域规划、防洪设施；海滨区的潮汐、海流、浪涛；山区的山洪、泥石流、水土流失等。

(2)地质资料。

地质、地貌、土层、建筑地段承载力；地震或重要地质灾害的评估；地下水存在的形式、储量、水质、开采及补给条件。

(3)自然资料。

景源、生物资源、水土资源、农林牧副渔资源、矿产资源等的分布数量、开发利用价值等，自然保护对象及地段。

3. 人文与经济资料

(1)历史与文化。

历史演变及变迁、文物、胜迹、风物、历史与文物保护对象及地段。

(2)人口资料。

历年常住人口数量、年龄结构、劳动结构、教育状况、自然增长和机械增长；服务职工和暂住人口及其结构变化，游人及结构变化；居民、职工、游人分布状况。

(3)行政区划资料。

行政区建制及区划，各类居民点及分布、城镇辖区、林界、乡界及其他相关地界。

(4)经济社会资料。

有关经济社会发展状况、计划及其发展战略；旅游区范围内及其周边的国民生产总值、财政、产业产值状况；国土规划、区域规划、相关专业考察报告及其规划。

(5)企事业单位分布与现状。

地区内各行业的企事业单位的现状及发展资料，规划区管理现状等。

4.设施与基础工程资料

(1)交通运输现状。

依托的城镇，旅游区对内、对外交通运输的现状，近期规划及发展资料。

(2)旅游设施。

旅行、游览、饮食、住宿、购物、娱乐、保健等设施的现状、规划及发展资料。

(3)基础工程。

旅游规划区内及其周边的水电、气热、环保、防灾等基础工程现状及发展资料。

5.土地利用与其他资料

(1)土地利用。

规划内各类用地分布状况，历史上土地利用重大变更资料，土地资源分析评价资料。

(2)建筑工程。

主要建筑物、工程物、园景、场馆场地等项目的分布状况、用地面积、建筑面积、体量、质量、特点等资料。

(3)环境资料。

大气、水文、土壤等项目的质量监测成果，"三废"排放数量和危害情况，垃圾、灾害和其他影响环境的有害因素的分布及危害状况，地方病及其他有害公民健康的环境监测与分析资料。

第四节　旅游资源评价

一、旅游资源评价的概念

旅游资源评价是在旅游资源调查的基础上，基于开发旅游的目的，依据旅游资源的分类标准和统一的评价体系，对旅游资源的规模、质量、等级、开发前景及开发条件进行科学的分析和可行性研究，为旅游资源的开发规划和管理决策提供科学依据，从而确定开发的机会与约束。

具体地说，就是按照一定的标准来确定某一旅游资源在全部旅游资源或同类旅游资源中的地位和作用，从纵向和横向上对其进行比较，以确定其重要程度和开发价值。

二、旅游资源评价的原则

1. 客观实际的原则

旅游资源是客观存在的事物,其特点、价值和功能也是客观存在的,评价时应实事求是,对其价值和开发前景既不夸大也不缩小,应做到客观实际、恰如其分。

2. 全面系统的原则

全面系统的评价原则体现在两个方面,一是旅游资源的价值和功能是多方面、多层次、多形式、多内容的,就其价值来讲,有历史、文化、艺术、观赏、科考和社会等价值;功能也有观光、度假、娱乐、健身、商务、探险、科考等,故评价时要全面、系统、综合地衡量。二是涉及旅游资源开发的自然、社会、经济环境和区位、投资、客源、施工等开发条件要给予综合考虑。

3. 符合科学的原则

这一原则主要是针对旅游资源的形成、本质、属性、价值等核心问题,评价时应采取科学的态度,不能全部冠以神话传说,更不能相信和宣传迷信色彩的东西,要给予正确的科学解释,适当加以神话传说以提高旅游资源点的趣味性,适应大众化旅游的口味。

4. 效益估算原则

旅游资源评价的最终目的是为了开发利用,开发的首要目的是要能够取得效益,而且要考虑的是经济、社会和生态综合效益,因此,评价时要估算其效益,如开发后得不偿失则不宜开发。

5. 高度概括的原则

旅游资源评价过程中涉及的内容众多,为了使评价结论有可操作性,评价结论应明确、精练,高度概括出其价值、特色和功能。

6. 力求定量的原则

旅游资源的评价方法发展到目前已日臻完善,在评价调查区域旅游资源时,应尽可能避免带有强烈主观个人色彩的定性评价,力求定量或半定量评价,并要求不同调查区尽量采用统一定量评价的标准,以便评价过程中的比较。

三、旅游资源评价的内容

1. 旅游资源自身价值评价

《旅游资源分类、调查与评价》(GB/T 18972—2017)要求按照资源要素价值、资源影响力和附加值三个项目对旅游资源单体进行评价(见表 2.2)。

表 2.2　旅游资源自身评价

评价项目	评价因子
资源要素价值	观赏游憩使用价值
	历史文化科学艺术价值
	珍稀奇特程度
	规模、丰度与几率
	完整性
资源影响力	知名度和影响力
	适游期或使用范围
附加值	环境保护与环境安全

(1)资源要素价值。

①观赏游憩使用价值。旅游资源观赏价值主要是旅游资源通过感官的作用提供给旅游者美感的种类和强度。观赏价值的评价是从美学角度来进行的,主要分析蕴含在其中的自然美、社会美、形式美、艺术美、意境美等。在人类所有的旅游活动中都包含着对美的追求与享受,旅游资源的美学观赏性对旅游动机的产生具有最直接的刺激作用。旅游资源的游憩价值是指旅游资源所具有的休闲、疗养、娱乐等游憩功能的价值成分和因素。

②历史文化与科学价值。历史文化价值是指旅游资源中所蕴含的历史文化内涵。评价时要考虑旅游资源的历史年代、历史独特性、保存完整性等,还要注意旅游资源是否和重大历史事件、历史名人有关以及遗存文物古迹的数量与质量。科学价值主要评价旅游资源在形成、建造、区分、功能、结构、生产工艺等方面所具有的科学研究价值和科普教育功能。

③珍稀奇特程度。珍稀奇特程度是指旅游资源的奇特性,是否有大量的珍稀物种和奇特景观的存在。具体而言,是指某一旅游资源在省内、全国乃至世界范围内出现的可能性与具备的奇特程度。一般来讲,旅游资源的珍稀奇特程度越高,旅游吸引力越大,旅游资源价值也就越高。

④规模、丰度与几率。旅游资源规模的评价对象是那些独立成景的旅游资源个体,主要对这类资源的体量、占地面积的大小等,用长宽高以及由此引伸的度量指标进行衡量测定。

丰度是指同类旅游资源构成的旅游资源集合体,在结构上的和谐程度及空间分布的集中程度。资源的丰度越高,吸引力越大。

几率是指自然景象和人文活动发生的周期性和频率。

⑤完整性。完整性是指自然旅游资源和人文旅游资源的形态与结构是否保持完整,是否有明显、巨大的缺陷。旅游资源的完整性关系到旅游资源调查区形象的确立以及吸引力的强度。旅游资源的完整性越大,吸引力越强。

(2)资源影响力评价。

①知名度和影响力。主要评价旅游资源在本地区、本省、全国或世界范围的知名度,或构成本地区、本省、全国乃至世界承认的品牌。

②适游期或使用范围。适游期是指旅游资源适宜游览日期的长短。使用范围是指适宜使用和参与的游客占全部游客的比例。

(3)附加值评价。

①环境保护的评价。是指对旅游区的气候、地质地貌、植被、水体、土壤和噪声污染、破坏程度进行评价,只有清洁、舒适的环境才会吸引旅游者的到来。

②环境安全评价。是指旅游区内有无地震、火山、滑坡、泥石流、冰川活动、暴风雨、台风、海啸、洪水等自然灾害,以及危害性动植物等。环境安全的评价是旅游资源开发的必要准备,根据评价结果采取合理的措施,消灭安全隐患,杜绝旅游安全事故的发生,才能保证区域旅游业的顺利发展。

2. 旅游资源开发条件评价

(1)区位条件。

区位条件是旅游资源所在地的地理位置、交通条件、与主要客源地的距离、区域内旅游资源及周边区域旅游资源的组合关系等。

(2)客源条件。

一定数量的客源是维持旅游经济活动的必要条件,将直接决定旅游资源开发的效益与程度。客源条件评价要摸清客源范围、客源结构、客源市场变化规律、客源地居民的出游水平以及资源偏好等情况。旅游资源的规模、特点和等级不同,其辐射范围和吸引层次就会不同,评价时应具体说明。另外,客源条件评价要与区位条件评价紧密结合,综合研究。

一级市场也称核心市场,一般为区位条件好、经济发展水平高、与接待地现实和历史的经济及文化联系及交流密切、被资源地旅游资源和产品强烈吸引的地区。一级市场是接待地旅游业发展的基础和市场开发的首要目标。

二级市场称为发展市场,是应根据旅游产品成熟状况,不断进行市场开拓的旅游市场。

三级市场在资源地所占的市场份额较小,又称为"机会市场"或"边缘市场",是资源地旅游产品发展到一定水平后,在中、远期可大力开发的市场。

(3)自然环境。

旅游资源开发的自然环境是指旅游资源所在地的地质地貌、气象气候、水文、土壤、植被等要素构成的综合体,它会对旅游资源的状况、节律性、开发成本和开发难度等产生深远影响。自然环境是旅游资源存在的背景,必须清洁雅静,令人赏心悦目。没有好的环境,旅游资源价值再大,也会阻碍旅游者的到来。

(4)经济环境。

经济环境是指旅游资源所在地的经济状况,主要包括投资、劳动力、物资供应和基础设施等条件。资金来源是否充裕,财力是否雄厚,直接关系到旅游开发的广度、深度和进度以及开发的可行性。劳动力条件是指能够满足旅游资源开发所必需的人力资源数量和质量。物产和物资供应条件是指旅游资源开发、旅游经济活动正常运行所需要的建筑材料、设备、食品、原材料、地方特产的供给情况,它直接关系到旅游开发的成本与效益。基础设施条件指水、电、交通、邮政、通信等公共设施建设的先进程度和完善程度。

(5)社会环境。

社会环境主要是指旅游资源所在地的政治局势、政策法令、社会治安、政府及当地居民对旅游业的态度、卫生保健状况、地方开放程度、风俗习惯等,这些都会影响旅游资源开发的规模、速度和综合效益。

(6)旅游影响。

旅游业是经济型产业,必须进行投入产出分析。对旅游资源开发后的经济效益、社会效益、环境效益进行评价。经济效益、社会效益和环境效益是相互关联、相互影响的,评价时应综合分析、权衡利弊。

四、旅游资源评价的方法

科学地评价旅游资源在国外已有30多年历史,在我国也有10多年的历史了。旅游资源评价是一项极其复杂而重要的工作,由于评价的目的、资源的赋存条件、开发导向等不同,可采用不同的评价方法,大体可分为定性评价和定量评价两大类,在具体应用时则根据情况采用定性与定量评价相结合的方法比较理想。

1. 旅游资源的定性评价

定性评价是一种描述性评价方法,又称经验法,是评价者在收集大量的旅游资源信息的基础上,凭经验通过人们的感性认识,主观判定旅游资源的价值。

定性评价法使用广泛,形式多样,内容丰富,是在旅游资源调查的基础上,根据调查者的印象所做的主观评价,多采用定性描述的方法,评价的结果主要与评价者的经验与水平有关,因此也叫作经验评价法。

(1)卢云亭"三三六"评价法。

即"三大价值""三大效益"和"六大开发条件"。

"三大价值"指旅游资源的历史文化价值、艺术观赏价值、科学考察价值。

"三大效益"指旅游资源开发之后的经济效益、社会效益、环境效益。

"六大开发条件"指旅游资源所在地的地理位置和交通条件、景象地域组合条件、旅游环境容量、旅游客源市场条件、投资能力条件、施工难易程度条件等六个方面。

(2)黄辉实"六字七标准"评价法。

黄辉实提出评价资源应从资源本身和资源所处环境来评价,从资源本身来评价。

评价旅游资源本身,采用了"美、古、名、特、奇、用"六字评价标准。美是指旅游资源给人的美感;古为有悠久的历史;名是具有名声或与名人有关的事物;特指特有的、别处没有的或少见的稀缺资源;奇表示给人新奇之感;用是有应用价值。

评价旅游资源所处环境,采用了"季节性、污染状况、联系性、可进入性、基础结构、社会经济环境、市场"七个标准。

(3)体验性的定性评价法。

该方法是评价者(旅游者或专家)对于旅游资源的质量进行个人综合体验。根据评价的深入程度及评价结果的形式,又可分为一般体验性评价和美感质量评价。

①一般体验性评价。一般体验性评价是通过统计旅游者或旅游专家有关旅游资源(地)优劣排序的问卷回答,或统计旅游资源(地)在旅游报刊、书籍上出现的频率,从而确定一国家或地区最佳旅游资源(地),其结果能够表明旅游资源(地)的整体质量和大众知名度。

一般体验性评价是由旅游者根据自己的亲身体验对某一处或一系列的旅游资源就其整体质量进行定性评估。常用方式是旅游者在问卷上回答有关旅游资源的优劣顺序,或由各方面专家讨论评价,或统计在常见报刊或旅游书籍、旅行指南上出现的频率等。这种评价多由传播媒介或行政管理机构发起,如我国"十大风景名胜"和"旅游胜地四十佳"的评选。这种评价的目的多用于推销和宣传,评价的结果可以使得旅游地提高知名度,客观上会对旅游需求流向产生诱导作用。这种评价的显著特点是评价的项目很简单,但局限于少数知名度较高的旅游地,无法用于一般类型或尚未开发的旅游资源。如中国名胜风景区的评价有:八达岭长城、桂林丽江风景区、杭州西湖风景区、故宫、苏州园林、黄山风景区、长江三峡风景区、秦始皇陵兵马俑博物馆等(见表2.3)。

表 2.3　中国部分风景名胜区

以自然景观为主的旅游胜地	以人文景观为主的旅游胜地
长江三峡风景区（四川、湖北）	八达岭长城（北京）
桂林丽江风景区（广西）	乐山大佛（四川）
黄山风景区（安徽）	苏州园林（江苏）
庐山风景区（江西）	故宫（北京）
杭州西湖风景区（浙江）	敦煌莫高窟（甘肃）
峨眉山风景区（四川）	曲阜三孔（山东）
黄果树瀑布风景区（贵州）	颐和园（北京）
泰山风景区（山东）	明十三陵（北京）
九寨沟黄龙风景区（四川）	秦始皇陵兵马俑博物馆（陕西）
桐庐瑶琳仙境（浙江）	自贡恐龙博物馆（四川）
织金洞风景区（贵州）	黄鹤楼（湖北）
巫山小三峡（四川）	北京大观园（北京）
井冈山风景区（江西）	山海关及老龙头长城（河北）
蜀南竹海风景区（四川）	成吉思汗陵（内蒙古）
大东海——龙牙湾风景区（海南）	珠海旅游城（广东）
武陵源风景区（湖南）	深圳锦绣中华（广东）

②美感质量评价。

美感质量评价是一种对旅游资源美学价值的专业性评估,这类评价是在旅游者或旅游专家一般体验性评价基础上进行深入分析,建立规范化的评价模型。其评价结果多具有可比性的定性尺度。其中对于自然风景视觉质量评价较为成熟,目前比较公认的有四个学派,即专家学派、心理物理学派、认知学派(心理学派)、经验学派(现象学派)(见表 2.4)。

表 2.4　美感质量评价的四大学派

四大流派	具体内容
专家学派	以受过专业训练的观察者或专家为主体,以艺术设计生态学以及资 8 个主类、31 个亚类、155 个基本类型源管理为理论基础对景观进行评价
心理物理学派	研究如何建立环境刺激与人类的反应之间的相互关系
认知学派（心理学派）	把风景作为人的生存空间、认知空间来评价,强调风景在人的认识及情感反应上的意义,试图用人的进化过程及功能需求去解释人对风景的审美过程
经验学派（现象学派）	把人对景观的评价看作人的个性及其文化、历史背景、志向与情趣的表现,将人在景观评价中的主观作用提到绝对高度

2. 旅游资源定量评价法

旅游资源定量评价是指评价者在掌握大量数据资料的基础上,根据给定的评价标准,运用科学的统计方法和数学评价模型,揭示评价对象的数量变化程度及其结构关系之后,给予旅游资源的量化测算评价。

定量评价避免了定性评价的主观片面性,使评价结论更加科学明确。但是,它难以反映客观条件的临时变化和未来不确定因素的影响,对于一些无法量化的因素也无力表达,而且过程较为复杂。

(1)技术性单因子定量评价。

旅游资源的技术性评价是着眼于旅游资源各要素对于旅游者从事特定活动的适宜程度的评估。技术性评价主要限于自然旅游资源的评价,它通常采用一系列的技术性指标作为评价的标准,这些指标是长期以来在实际工作中逐步积累的经验值。对于每一项旅游活动,都会有一个或几个旅游资源因素对活动的质量起决定性的作用。

旅游资源的技术性评价可以就这些关键的旅游资源因素针对确定的旅游活动进行适宜性评价。譬如对于海水浴,海滩和海水是决定性因素。另外,也可以就某种旅游活动所要求的各种旅游资源要素的组合状况进行技术性评价,根据资源要素的组合状况来确定这一旅游资源适合从事某种等级的旅游活动。

(2)综合性多因子定量评价法。

旅游资源的综合性评价是着眼于旅游地旅游资源的整体价值评估或旅游地的开发价值评估。这种评估的立足点,通常是一系列旅游地或仅就各旅游地的旅游资源进行开发价值的比较。对于某一类型的旅游资源,评估工作遵循一个统一的评估系统,有着确定的通用的评估标准;评价系统中的各被评估因子大都带有合适的权重值;评估结果多是数量化的指数值。综合性评价中必然要用到旅游资源体验性评价和技术性评价的结论,因此,旅游资源的综合性评价往往包括了体验性评价和技术性评价的过程。

该评价方法是在考虑多因子的基础上,运用数理方法,通过建模分析,对旅游资源进行综合评价。评价的结果为数量指标,便于不同资源评价结果的比较,具有更为客观、准确和全面的优点。这类评价方法非常多,有层次分析法、指数表示法、美学评分法、综合评分法、模糊数学评价法、价值工程法、综合价值评价模型法、观赏型旅游地综合评估模型法等。

五、旅游资源评价的程序

旅游资源评价的内容确定后,首先确定各评价因子的权重,其次获得各评价因子的评估值。

1. 确定评价因子

评价因子的选择与确定是科学评价的关键,因此在选择评价因子时要本着代表性和重要性的原则,选择对旅游资源开发价值有重要影响的因子;层次性和系统性的原则,明确评价因子的层次关系,并形成一个具有层次网络结构的评价因子体系;唯一性和区分性的原则,评价因子相互之间应该是并列平行关系,因子不能重叠与兼容,要有唯一性和可区分性。

2. 建立评价因子权重系统

旅游资源综合评价的关键和重点就是给定评价因子予以恰当的权重值,个评价因子权重的获得,常常采用特尔菲法:可请地理、建筑、经济、旅游管理等有关行业专家 20—30 人,直接咨询其各评价因子的权重值,然后采用所有专家的平均意见为平均因子权重值。此法亦可分为几轮进行,最终得出评价因子结果。也可不要求专家评价出评价因子的权重值,而要求就相对重要性进行比较,给出定性的结论,然后将其量化,运用数学方法处理后获各评价因子的权重值。

3. 旅游资源因子评价

(1)评价因子指标分级。

根据评价因子的含义及重要性程度,进行模糊等级划分。

(2)评价因子量化打分。

评价因子的评分值一般以取 10 分,也可用连续的实数 0—10 来表示因子分值的变化范围,也可将其划分为不同档次,给予不同分值。

(3)计算评价值。

对每一因子评价后,进行综合评价值的计算,综合评价值一般取 100 分。

(4)评价等级划分。

根据旅游资源评价总分,一般可将旅游资源划分为特品级、优良级和普通级。

六、旅游资源评价的成果

1. 旅游资源评价报告

旅游资源评价的报告因旅游资源的类型、评价的目的、评价的方法等的不同而各异,一般情况主要包括如下内容:旅游资源评价概况、旅游资源生成环境分析评价、旅游资源开发分析评价、旅游资源分类型评价、旅游资源地域分布评价、旅游资源等级评价、旅游资源类型组合评价、旅游资源特色评价、旅游资源的旅游功能评价、旅游资源开发条件评价。

2. 旅游资源评价图件

主要有旅游资源各类评价图和总评价图。

【课后思考题】

1.旅游资源的概念。

2.不同类型的旅游资源分类。

3.旅游资源的调查类型有哪些？

4.旅游资源的调查方法有哪些？

5.旅游资源的调查步骤是什么？

6.旅游资源评价的原则有哪些？

7.旅游资源评价方法有哪些？

8.按照旅游资源的类型对我国知名景区进行旅游资源举例。

课程思政案例

【本次课程目标】

1.知识目标

(1)能够准确说出旅游资源的分类依据；

(2)能够较为清晰地说出每种分类包含的旅游资源。

2.能力目标

能对黑龙江省旅游资源按照《旅游资源分类、调查与评价》(GB/T 18972—2017)的分类方法和按《风景名胜区总体规划标准》(GB/T 50298—2018)分类方法进行分类整理。

【思政育人目标】

1.小组的团队合作意识，以及遇到问题的探索精神；

2.旅游资源的"七彩"育人情怀：红色的爱国主义、绿色的生态文明、蓝色的创新创业、白色的冰雪文化、黄色的现代农业、紫色的工匠精神、黑色的黑土情怀。本节内容不体现蓝色和紫色，其他五色均可体现。

【思政要素切入点】

1.通过任务驱动式的作业布置内容，形成团队的小组合作，大家在自主学习后，通过对老师讲述内容的理解，完善布置的内容，并进行汇报展示。在完成作业的过程中团队间亲密合作，互动交流，遇到问题探索解决。

2.通过将黑龙江省的旅游资源进行"七彩"育人情怀的整理归类，在讲解丰富的黑龙江省旅游资源的同时，将红色的爱国主义、绿色的生态文明、蓝色的创新创业、白色的冰雪文化、黄色的现代农业、紫色的工匠精神、黑色的黑土情怀等育人要素深刻融入旅游资源的分类讲述中。本节内容不体现蓝色和紫色,其他五色均可体现。

【教学策略】

本教学内容是以 OBE 的教学理念为核心展开,一切以学生为中心。本次课程主要采用任务驱动的教学方式,在课前给学生布置学习任务,学生对旅游资源进行自主学习,因为本节内容不是很难,大多与高中地理有很多相似的内容,主要难点是在后面的对于黑龙江省旅游资源的归类整理有一定的难度。在课程讲授法的过程中引入大量的案例进行陈述,以图片和案例内容的形式展现,让学生理解起来更为直观和生动。在课程的后面环节,学生以小组合作的方式完成布置内容,学生间团队合作,相互交流和讨论,并由一个人进行本组作业的汇报展示。

【实施过程】

本次课程的实施过程主要分为两个部分:

一是教师归类总结,基本的知识点内容,精练概括为"讲"。教师主要讲述旅游资源的定义、旅游资源的特点和旅游资源的各种不同分类。

二是学生以小组合作的方式进行完成,并进行小组作业的讲述,精练概括为"做"。给学生指定学习任务,目标驱动,让学生以小组合作的方式展开讨论、学习和交流。

【案例教学内容】

一、旅游资源

(一)"讲"——教师归类总结,基本的知识点内容

1. 旅游资源的定义

按照国家旅游局制定的《中国旅游资源普查规范》的定义,所谓旅游资源是指:自然界和人类社会凡能对旅游者产生吸引力,可以为旅游业开发利用,并可产生经济效益、社会效益和环境效益的各种事物和因素。

国外常将旅游资源称为旅游吸引物。旅游吸引物也可以是物质的和非物质皆有,有形和无形兼顾的资源。

2. 旅游资源的特点

旅游资源作为一种特殊资源,既有世界上一般资源的共同属性,也有与其他

资源有所不同的自身特性。旅游资源是地理环境的一部分,具有地理环境组成要素的时空分布特征和动态特征;旅游资源是旅游现象的载体,作为旅游业不可或缺的一部分,具有经济特征;旅游现象是随着人们物质文化生活水平的提高而产生的,因此旅游资源还具有文化属性。

(1)旅游资源的空间特征。

①广泛性:类型多样复杂,自然风光、文物古迹、民俗风情、传说典故、时尚购物、高楼大厦。

②区域性:北雄南秀,古镇、城市、海滨、云南、甘肃、西藏、新疆。

③综合性:较大部分的旅游资源不是单一存在,而是综合分布。

(2)旅游资源的时间特征。

①季节性。

春有百花秋有月,夏有凉风冬有雪。举例不同季节观赏景点。讲述西湖十景有哪些。

②时代性。

故宫,旧时皇帝的办公居住地;重庆歌乐山渣滓洞曾是囚禁革命先烈的监狱,现在是红色教育基地。

③变异性。

三峡大坝,曾经的三峡游览,部分景点因工程而消失。

(3)旅游资源的经济特征。

①价值不确定性。

②开发永续性。

③不可再生性。

(4)旅游资源的文化特征。

①审美性。

②陶冶性。

③吸引定向性。

3.旅游资源的类型

(1)依据旅游资源本身属性。

可将旅游资源分为自然旅游资源和人文旅游资源两大类。

自然旅游资源,是指地球表面自然存在的各种自然地理要素,它从地球出现就存在,并随着地表自然变迁而变化。它也是人文景观形成的物质基础。

人文旅游资源是人类文化与自然景物结合的表现,是人类创造的景观。它不仅受自然环境的影响,而且更多地受社会经济、政治、文化以及人类自身的制约。

我国是一个山川秀丽、风景宜人的国家,丰富的自然景观早就闻名于世,为中外游人所青睐,遍布大江南北、祖国东西。

(2)按照《旅游资源分类、调查与评价》(GB/T 18972—2017)的分类方法。

由国家质量监督检验检疫总局 2003 年颁布。这一分类主要采用主类、亚类、基本类型 3 个层次。划分 8 个主类、23 个亚类、110 个基本类型。每个层次的旅游资源类型有相应的汉语拼音代号。

(3)按《风景名胜区总体规划标准》(GB/T 50298—2018)要求分类。

旅游资源分类有 3 个层次结构,即大类、中类、小类,大类按习惯分为自然和人文两类;中类属于种类层,分 8 个类型;小类是形态层,是旅游资源的具体对象。

(二)"做"——小组合作,并讲述

任务内容:通过自主学习,在经过小组的合作交流讨论后,结合老师课堂中对于知识点的重要讲解,以黑龙江省为例,对黑龙江省的旅游资源归类整理。按照《风景名胜区总体规划标准》(GB/T 50298—2018)的分类标准以依据,将黑龙江省的旅游资源进行 3 个层次结构,即大类、中类、小类的分类,按照大类的自然和人文两类,中类的 8 个种类层为基本依据,进行小类形态层的具体旅游资源填充。以小组团队的合作方式完成,并进行小组间的汇报展示,进行组间打分。

※※※课程思政要素的融入与映射

团队合作的精神,互助友爱,合作参与,制作旅游资源分类调查表(见表 2.5)。

表 2.5　旅游资源分类调查表

大类	中类	小类
自然景观	1.天象	……
	2.地景	……
	3.水景	……
	4.生景	……
人文景观	1.园景	……
	2.建筑	……
	3.胜迹	……
	4.风物	……

※※※课程思政要素的融入与映射

"五色育人"的课程思政理念:

本节课程内容将自然界的颜色通过直接反映或间接暗示,凝练出与思政要素紧密契合的颜色代表,物化地反映课程思政的映射点,确保将体现习近平新时代中国特色社会主义思想和价值观与专业知识有机融合。培养学生热爱祖国大好河山,树立民族自信和文化自信;树立保护森林、农田,热爱生态环境的意识,为生态和谐的人居环境贡献一份微薄之力;爱国情怀、抗联精神、龙江黑土文化、冰雪情缘等等内化于心。

"北国好风光尽在黑龙江"是我省的旅游宣传的口号。黑龙江以"五山、一水、一草、三分田"的地形格局展现我省的重要旅游资源,分别是大森林、大湿地、大草原、大界江和大冰雪。

1.绿色——生态文明(践行生态文明理念,培育生命共同体)

绿色是与我们最亲近的颜色,是大自然的颜色。生态文明体现着人们对良好生态环境的渴求,是人类发展的趋势。习近平总书记在 2005 年任浙江省委书记时考察浙江湖州安吉,提出了"绿水青山就是金山银山"的科学论断。绿水青山的良好生态环境既是自然财富,也是经济财富。山体和草原是绿色的直接体现,山地面积占据黑龙江省土地面积的 50% 以上,有大小兴安岭山脉,张广才岭、老爷岭、完达山脉。草原面积占全省土地面积的 8.3%,主要有松嫩平原和三江平原。我省水资源丰富,水域面积占全省土地面积的 4.46%,主要有黑龙江、松花江、嫩江、乌苏里江、兴凯湖、镜泊湖等。通过对这些重要绿色资源的介绍,认识旅游资源的主要类型,注重培育生态文明建设理念,引导学生尊重自然、顺应自然、热爱自然、保护自然,肩负和践行保护绿水青山和修复自然环境的绿色卫士,注重培育绿色发展理念,爱护大自然,建立绿色发展观,实现人与自然的和谐发展的生命共同体。通过讲述黑龙江省大小兴安岭地区、伊春五营国家森林公园、牡丹江牡丹峰森林公园、黑龙江省北方森林植物园等绿色旅游资源案例,感受"青山不老树为本,绿水长流林是源"的陆地生态系统的重要性。

2.黄色——农业文化(乡村振兴)

农业作为第一产业,是人们衣食住行的主要来源。我国作为以农业立国的农业大国,农业自古以来就受到国家的重视和关注,并不断地致力于对农业、农民、农村的改造和建设。党的十九大提出"乡村振兴的战略",将农业又一次推向政策的高潮。黑龙江省农田面积占我省土地面积的 20.49%,位居全国第一,农业也是我省的重要支柱产业。2018 年习近平总书记考察北大荒,看到了智能化、机械化、信息化的农业生产场景,意味深长地说出"中国粮食,中国饭碗",对北大荒、大粮仓寄予厚望。习近平总书记指出:"中国要强,农业必须强;中国要美,农村必须美;中国要富,农民必须富。"振兴乡村、发展农业是我国的当前任务。通过对农耕文明和历史挖掘,打造城市农业景观,增加都市人对大自然的热爱。回归田园,返璞归真,农业景观的天然纯朴,身临其境地耕作乐趣能满足人们更高层次的精神需求,促进身心健康。让城市学生有更多的机会了解悠久传统的农业文明,热爱农业,敬畏农业。在农事体验活动中感知农业生产劳作的艰辛,节约粮食,避免浪费,深刻体会《悯农》这首诗的精髓。通过讲述建三江垦区、黑龙江北大荒农垦集团和黑龙江省现代农业园区等体现黄色旅游资源的案例,感受黑龙江省农业的重要地位和黄色收获带来的喜悦。

3. 红色——红色文化(创新红色教育,培育红色血脉传承者)

红色是鲜艳的,热烈的,是五星红旗的颜色,是中国独有的红色。红色文化已经成为一个专有名词,蕴含着深厚的革命精神和文化内涵。九一八事变后,东北成为抗日的主战场,在白山黑水间掀起了抗击日本侵略者的抗日战争。全体中华儿女为国家生存而战,为民族复兴而战,涌现出杨靖宇、赵一曼、赵尚志、李兆麟等抗联英雄,他们同仇敌忾,众志成城,意志顽强,视死如归,不畏艰险,勇于奉献,用生命和鲜血换来今天的祖国祥和和人民的幸福生活。烽烟已远,英魂永萦,赓续红色血脉的东北抗联精神永远传承。通过参观东北烈士纪念馆、参观侵华日军731部队遗址、靖宇公园、兆麟公园等,将高尚的爱国情操、伟大的牺牲精神作为向学生宣扬的主旋律。追寻红色足迹、传承红色基因,在对红色旅游资源的学习过程中,感受伟大革命力量,担当红色血脉的传承者。

4. 黑色——黑土文化(龙江文化的传播者)

黑土文化主要是由黑龙江、吉林和辽宁三个东北省份构成。黑龙江作为东北边陲,属高纬度的寒温带,四季分明,冬天漫长寒冷,夏季短暂凉爽。肥沃的黑土为小麦、大豆生长奠定主产区优势。用黑色代表浓郁的黑土文化,只有民族的才是世界的,深入挖掘地域文化特色才能做出经久不衰的设计作品。在黑龙江,生活着满族、回族、蒙古族、鄂伦春族、达斡尔族、鄂温克族、赫哲族等少数民族。赫哲族和鄂伦春族对自然多神崇拜,信奉原始宗教萨满教。"逐水草而居",赫哲族以渔猎为主,擅长鱼皮手工艺,创造口头说唱伊玛堪。鄂伦春族以狩猎为主,桦皮工艺、兽皮工艺、篝火节等成为鄂伦春族的文化符号。黑龙江作为与俄罗斯接壤的省份,深受俄国文化影响,城市规划布局、建筑特色都彰显着东方莫斯科的神韵。新中国成立后,东北地区工业发展迅速,成为不负盛名的东北老工业基地。通过对黑龙江黑土文化的讲授,增强学生的民族自信、文化自信和民族自豪感,做一名龙江文化的传播者。

5. 白色——冰雪文化(冰雪文化之都)

白色是纯洁的,以此代表冰雪特色,取白色基底,挖其晶莹剔透的文化内涵。冰雪文化主要指在冰雪自然环境中人们的生活,并以此创造的冰雪生态环境。冰雪景观是哈尔滨冬季城市景观的典型代表,街道两边、城市中心晶莹剔透、五彩缤纷的冰景增添城市的光彩。冰灯起源于晒网场之说中的江边渔人,他们为了能夜晚捕鱼时候的照明,用冻好的空心冰坨,里面放置蜡烛,既能透光照明,又能避免寒风吹灭蜡烛。冰雪大世界作为冬季的主打旅游产品,吸引着来自四面八方的宾朋好友。赏冰灯、看雪雕、打雪仗、坐冰滑梯……一系列的冰景和冰上运动让寒冷的冬季增添热闹的氛围。通过学习冰雕、雪雕的制作,绘制冰雪主题乐园的方案设计,打造冰雪的嘉年华乐园,传承冰雪所赋予我们的不畏严寒、热情好客的品质。

【取得成效】

通过本次课程内容,让学生对旅游资源的分类有了明确的认识,通过任务驱动的方式,在学生自主学习的前提下,培养学生良好的学习习惯,并在积极探索精神的指导下,形成良好的团队合作意识和互帮互助的精神。在以黑龙江旅游资源为例的作业任务中,学生们认真、细心、积极地在网上查找相关内容,具有很高的学习热情。通过对黑龙江旅游资源的调查整理,了解"五色育人"理念,掌握红色革命文化精神、白色冰雪文化精神、黄色北大荒的乡村振兴政策、绿色生态文明观、黑色龙江精神,入耳、入脑、入心,实现了教育的真谛。

【教学反思】

这次的课程内容进展顺利,内容完成度高。但是在"五色育人"理念下,教师要广开思路,拓展渠道,并对黑龙江省所有旅游资源进行全面的介绍和学习,让学生的思路更为开阔。

第三章　旅游区规划设计

【教学目标】

本章节是规划设计的核心,要对旅游区规划设计有总体的认知和学习,对旅游区规划的形象设计、空间分区布局、景点规划设计、游览线路设计、设施设计等都要学习和掌握。

【教学要求】

了解关于旅游区规划设计的基本概念、特点和意义等概念性内容,理解规划设计的流程、体系、原则等规范性内容,掌握空间布局分区、形象定位、设施规划、游线规划等设计理论指引内容,能够运用这些内容进行合理的规划设计,达到实操效果。

【教学重点】

能够确定品牌,定位景区形象。能够设计合理的游览行程,规划游览路线,进而划分空间布局。

【教学难点】

主题形象定位的准确性、景点设计的合理性,住宿、餐饮、游人量等的计算和交通道路设计的规范性。

第一节　旅游区规划设计概述

一、旅游区规划设计的概念

1. 旅游区和旅游区规划设计的概念

旅游区一般指由若干地域上相连,具有若干共性特征的旅游吸引物,交通网络及旅游服务设施组成的地域单元。

旅游区规划设计是从吸引力打造到景观、建筑、设施设备再到商业模式、营销模式、运营管理等一系列设计过程。

2. 旅游区规划与风景区规划的区别

风景区规划和旅游区规划有诸多相似之处,两者也同属以资源环境为基础的规划范畴,但它们在规划目的、规划理念、核心任务和内容侧重等方面又有很大的不同。风景区规划和旅游区规划的基本区别体现在规划所需资质、主管部门、基本规范、理论基础、主要技术方法及法律权威性等诸多方面。就资源环境自身而言,风景区以风景资源为基础,而旅游区的核心资源十分多样,比如特殊产业、主题社区、旅游地产、文化街区等(见表 3.1)。由此可见,旅游区比风景区涵盖更加广泛,涉猎的内容更加多样。

表 3.1　风景区规划与旅游区规划的区别

项目	风景区规划	旅游区规划
资源要求	需要依托风景资源	依托旅游资源(主题产品、特殊产业、自然文化资源等)
所需资质	城市规划资质	旅游规划资质
主管部门	住房和城乡建设部	国家旅游局
法律法规	《风景名胜区规划规范》《风景名胜区条例》《风景名胜区分类标准》等	《旅游规划通则》《旅游规划设计单位资质认定暂行办法》《旅游景区质量等级的划分与评定》《旅游景区质量等级评定管理办法》《旅游资源分类、调查与评价》《旅游发展规划管理办法》等
理论基础	分区规划理论、生态规划理论、遗产保护理论等	旅游区演化理论、旅游产品理论、资源优化配置理论、社区和谐发展理论等
主要技术方法	SWOT 分析法、组合分析法、利益相关者分析法	地理信息系统(GIS)、LAC 协调与控制体系、土地分区管理方法
法律权威性	审核通过后具有法律效力	审核通过后不具有法律效力

二、旅游区规划设计的特点

1. 内容的综合性

综合性是各种规划共有的特征。旅游业是一个产业群体,覆盖面广,渗透性和关联性强,因而它的综合性更强。这一特点主要表现为,在旅游规划中对资源开发和景点建设、住宿、餐饮、娱乐、交通、购物等发展规模、水平、布局有一个合理的安排,以满足旅游者吃、住、行、游、购、娱的多种需求。同时为保证这些产业部门的发展,还要对管理体制、政策保证、人才培训、投入－产出等做出规划,使其形成旅游结构合理、各部门协调发展的格局。

2. 实践的可操作性

规划编制来自于实践,更重要的目的是指导实践,因此必须具有可操作性。旅游区规划要达到这一目标,首先要重视调查研究,找到适合本区旅游发展的基点。其次在编制规划时要充分听取实践工作者的意见,充实规划内容,解决规划和建设中的技术问题。还应随着旅游业发展变化,适时调整、修改规划,使其可操作性更强。

3. 发展的前瞻性

规划的一个最突出的特点是具有科学性和前瞻性。在一个地区进行旅游产业的规划时应该知道当前应怎样做,未来会变成什么样。旅游区规划设计受到多种因素的制约,一是旅游业自身产业结构和基础;二是地区经济和社会发展形势对旅游业的支撑;三是国内外政治经济形势对客源市场的影响。因此。旅游区规划设计只有在多方面分析的基础上才能做出科学的判断和前瞻性的预测。

三、旅游区规划设计的依据

旅游区规划设计的依据是后期规划和建设的大方向,是不可脱离的宗旨,是规划建设的总纲。旅游区规划设计的依据主要有法律、法规、条例、规范、规定、文件、纪要、地方发展计划可行性研究报告、上位规划、国际公约、行政法规等,具体内容见表 3.2～3.5。

表 3.2　旅游区规划的依据

依据	具体内容
法律、法规、条例	由我国最高权力机关全国人民代表大会和全国人民代表大会常务委员会制定,由国家主席签署主席令予以公布;由国务院制定,国务院总理签署国务院令公布;与旅游规划设计相关的法律、法规和条例
规范、规定	针对旅游区规划设计方面的一些技术要求和深度要求,在建设方面的一些技术要求和行为要求,在管理方面的一些安全要求等
文件、纪要、地方发展计划	与旅游业相关的地方发展计划和文件,是地方政府发展旅游业的一些与国家政策、法律法规相符的更细致的方针政策,这些方针政策对旅游景区的规划和项目建设有进一步的指导意义。地方政府与专家、投资商对旅游景区的资源、建设内容、建设进展安排等,在讨论中所形成的纪要,其针对性更强,是在开发前所达成的共识。这些文件、纪要、地方发展计划都是旅游景区规划设计的依据

续表3.2

依据	具体内容
可行性研究报告	可行性研究报告是在旅游区规划前,由旅游区相关的有工程咨询资质的单位或部门经过认真调研后撰写并被景区所在政府或上级主管部门批准的景区开发技术研究报告。因此,这类可行性研究报告已对具体景区的建设内容、建设规模、投资额等进行了明确论证,是符合实际的,可作为规划建设的依据
上位规划	上位规划体现了上级政府的发展战略和发展要求。上位规划从区域整体出发,编制内容体现了整体利益和长远利益。上位规划全局性、综合性、战略性、长远性更强,更加重视城乡区域协调有序发展和整体竞争力的提高;在整体发展的同时更强调资源和环境保护,限制单个景区进行不利于区域整体的开发活动,实现可持续发展。因此,景区规划设计要以上位规划为依据,不得违背上位规划确定个人科研的保护原则和规模控制。

表 3.3　旅游区规划依据的法律文件

名称	时间
《中华人民共和国环境保护法》	第七届全国人民代表大会常务委员会第十一次会议于1989 年 12 月 26 日通过并施行
《中华人民共和国森林法》	第六届全国人民代表大会常务委员会第七次会议于1984 年 9 月 20 日通过并施行
《关于修改〈中华人民共和国森林法〉的决定》	第九届全国人民代表大会常务委员会第二次会议于1998 年 4 月 29 日通过并施行
《中华人民共和国土地管理法》	第十届全国人民代表大会常务委员会第十一次会议于2004 年 8 月 28 通过并施行
《中华人民共和国城乡规划法》	第十届全国人民代表大会常务委员会第三十次会议通过,于 2008 年 1 月 1 日施行
《中华人民共和国野生动物保护法》	第七届全国人民代表大会常务委员会第四次会议通过,于 1989 年 3 月 1 日施行
《中华人民共和国文物保护法》	第五届全国人民代表大会常务委员会第二十五次会议,于 1982 年 11 月 19 日通过并施行
《中华人民共和国水法》	第六届全国人民代表大会常务委员会第二十四次会议通过,1998 年 7 月 1 日施行

表 3.4　旅游区规划依据的国际公约

名称	时间
《保护世界文化和自然遗产公约》	1972 年 11 月 23 日订于巴黎,1975 年 12 月 17 日生效。1986 年 3 月 12 日对中国生效
《濒危野生动植物物种国际贸易公约》,简称《物种贸易公约》(CITES 公约)	1973 年 3 月 3 日订于华盛顿,并于 1975 年 7 月 1 日生效。1981 年 1 月 8 日,中国政府向该公约保存国瑞士政府交存加入书。同年 4 月 8 日,该公约对我国生效
《联合国防治荒漠化的公约》全称为《联合国关于在发生严重干旱和(或)沙漠化的国家特别是在非洲防治沙漠化的公约》	1994 年 6 月 7 日巴黎通过。1994 年 10 月 14 日,中国代表签署该公约。1996 年 12 月 30 日,全国人大常委会决定批准该公约
《关于特别是作为水禽栖息地的国际重要湿地公约》简称《湿地公约》	缔结于 1971 年,致力于通过国际合作,实现全球湿地保护与合理利用,现有 163 个缔约国。中国于 1992 年加入《湿地公约》
《生物多样性公约》	1992 年 6 月 5 日,由签约国在巴西里约热内卢举行的联合国环境与发展大会上签署。公约于 1993 年 12 月 29 日正式生效

表 3.5　旅游区规划依据的国家标准与行政法规

名称	时间
《风景名胜区总体规划标准》(GB/T 50298—2018)	1999 年国家质量技术监督局与建设部联合颁布,2000 年 1 月 1 日施行
《国家级风景名胜区和历史文化名城保护补助资金使用管理办法》	2009 年 5 月 4 日颁布施行
《风景名胜区条例》	2006 年 9 月 6 日颁布,2006 年 12 月 1 日施行
《风景名胜区建设管理规定》	1993 年 12 月 20 日颁布施行
《风景名胜区管理处罚规定》	1994 年 11 月 14 日颁布,1995 年 1 月 1 日施行
《中国风景名胜区形势与展望》(绿皮书)	1994 年建设部发表
《加强风景名胜区保护管理工作通知》	1995 年国务院办公厅发出
《风景名胜区环境卫生管理标准》	1992 年 1 月 16 日颁布施行
《风景名胜区安全管理标准》	1995 年 3 月 29 日颁布
《建设项目环境保护管理办法》	1986 年 3 月颁布施行
《建设项目环境保护设计规定》	1987 年 8 月颁布施行

续表3.5

名称	时间
《风景名胜区管理暂行条例实施办法》	1987 年风景名胜区主管部门发布
《风景名胜区管理暂行条例》	1985 年颁布施行
《建设项目环境保护管理程序》	1990 年 6 月颁布施行
《建设项目环境保护管理条例》	1998 年 12 月颁布施行
《建设项目环境保护设施竣工验收管理规定》	1994 年 12 月 31 日
《中华人民共和国森林法实施条例》	2000 年 1 月 29 日颁布施行
《关于加强风景名胜区规划管理的通知》	2000 年建设部发出

【注】《风景名胜区条例》(以下简称《条例》)是风景区的法律,规定了风景名胜区的设立、规划、保护、利用与管理等内容。《风景名胜区总体规划标准》(GB/T 50298—2018)是风景区最重要的规范,对风景区规划的工作方法、步骤和成果控制提出具体要求。住房和城乡建设部编写的《风景名胜区分类标准》(CJJ/T121—2008)作为行业标准,指定相应的规划、设计、建设、管理、监测、保护和统计等工作标准。

四、旅游区规划设计的内容

1. 旅游区总体规划

旅游区总体规划的期限一般为 10 至 20 年,同时可根据需要对旅游区的远景发展做出规划安排。对于旅游区近期的发展布局和主要建设项目,亦应做出近期规划,期限一般为 3 至 5 年。

旅游区总体规划的任务是分析旅游区客源市场,确定旅游区的主题形象,划定旅游区的用地范围及空间布局,安排旅游区基础设施建设内容,提出开发措施。

旅游区总体规划的内容具体包括:

(1)对旅游区的客源市场的需求总量、地域结构、消费结构等进行全面分析与预测;

(2)界定旅游区范围,进行现状调查和分析,对旅游资源进行科学评价;

(3)确定旅游区的性质和主题形象;

(4)确定规划旅游区的功能分区和土地利用,提出规划期内的旅游容量;

(5)规划旅游区的对外交通系统的布局和主要交通设施的规模、位置,规划旅游区内部的其他道路系统的走向、断面和交叉形式;

(6)规划旅游区的景观系统和绿地系统的总体布局;

(7)规划旅游区其他基础设施、服务设施和附属设施的总体布局;

（8）规划旅游区的防灾系统和安全系统的总体布局；

（9）研究并确定旅游区资源的保护范围和保护措施；

（10）规划旅游区的环境卫生系统布局，提出防止和治理污染的措施；

（11）提出旅游区近期建设规划，进行重点项目策划；

（12）提出总体规划的实施步骤、措施和方法，及规划、建设、运营中的管理意见；

（13）对旅游区开发建设进行总体投资分析。

旅游区总体规划的成果要求：

（1）规划文本；

（2）图件，包括旅游区区位图、综合现状图、旅游市场分析图、旅游资源评价图、总体规划图、道路交通规划图、功能分区图等其他专业规划图、近期建设规划图等；

（3）附件，包括规划说明和其他基础资料等。

2. 旅游区控制性详细规划

旅游区控制性详细规划的任务是，以总体规划为依据，详细规定区内建设用地的各项控制指标和其他规划管理要求，为区内一切开发建设活动提供指导。

（1）旅游区控制性详细规划的主要内容：

详细划定所规划范围内各类不同性质用地的界线，规定各类用地内适宜建设、不适宜建设或者有条件地允许建设的建筑类型；

规划分地块，规定建筑高度、建筑密度、容积率、绿地率等控制指标，并根据各类用地的性质增加其他必要的控制指标；

规定交通出入口方位、停车泊位、建筑后退红线、建筑间距等要求；

提出对各地块的建筑体量、尺度、色彩、风格等要求；

确定各级道路的红线位置、控制点坐标和标高。

（2）旅游区控制性详细规划的成果要求：

规划文本；

图件，包括旅游区综合现状图、各地块的控制性详细规划图、各项工程管线规划图等；

附件，包括规划说明及基础资料。图纸比例一般为 $1/1000\sim1/2000$。

3. 旅游区修建性详细规划

旅游区修建性详细规划的任务：在总体规划或控制性详细规划的基础上，进一步深化和细化，用以指导各项建筑和工程设施的设计和施工。

（1）旅游区修建性详细规划的主要内容：

综合现状与建设条件分析；

用地布局；

景观系统规划设计；

道路交通系统规划设计；

绿地系统规划设计；

旅游服务设施及附属设施系统规划设计；

工程管线系统规划设计；

竖向规划设计；

环境保护和环境卫生系统规划设计。

（2）旅游区修建性详细规划的成果要求：

规划设计说明书；

图件，包括综合现状图、修建性详细规划总图、道路及绿地系统规划设计图、工程管网综合规划设计图、竖向规划设计图、鸟瞰或透视效果图等。图纸比例一般为 1/500～1/2 000。

旅游区可根据实际需要，编制项目开发规划、旅游线路规划和旅游地建设规划、旅游营销规划、旅游区保护规划等功能性专项规划。

五、旅游区规划设计的流程

旅游区规划设计流程是一个循环系统，每个循环中包括八个阶段，即旅游规划的准备、确定开发目标、可行性分析、制订方案、方案的评价与选择、方案实施、监控与反馈、调整策略。

1. 旅游规划的准备

准备工作是要召集来自不同领域的专家组成一个协作团体，共同解决旅游开发的经济、社会、环境、建筑、工程与规划问题，这个协作团体的参与者包括：市场与财务分析家、建筑师、饭店经营者、管理顾问、工程师及招标承包商、土地规划者、地理学家与环境专家、律师、社会学家等。

在准备阶段，工作的重点是初步确定旅游景区开发的主要目的、类型、规模及初步的景点区位选择。但其内容随着规划的深入将进一步详细、修正，甚至改变。

2. 确定开发目标

旅游区开发的目标包括社会、经济与环境目标。国外学者在分析北美旅游业的规划时，提出三个目标：第一，满足使用者的需求；第二，为产权拥有者及开发者提供风险酬赏；第三，保护环境资源。

3. 可行性分析

可行性分析阶段要采取定性与定量的方法，详细地调查与综合分析，从而发现自己的目标市场。对竞争性旅游区进行竞争分析，以便找到旅游区的市场增长点，从而进一步确定旅游区的类型、主题与最优规模。对上述材料进行综合分析之后要确定旅游区发展的主要机会、问题与约束条件，建立旅游区发展的社会、经济与环境承载力。

4. 制订方案

一个旅游规划设计的方案包括两方面的内容：政策与操作规程。政策方面包括经济政策、立法、环保政策、投资政策等，操作规程方面包括土地规划、市场营销计划、人力资源配置等。

在政策制定时应考虑以下因素，即旅游区的类型与规模、开发的阶段、环境保护、文化保护与永续利用、政府与企业的角色分工。

在旅游规划的操作规程部分则必须考虑六个内容：产品与服务的设计、土地需求与土地利用规划、人力与财力的配置、市场营销计划、机会与约束、实施计划。

5. 方案的评价与选择

对于方案的评价往往采用本益分析、目标实现矩阵和规划平衡表方法。可以请各领域的专家对方案按各评估因子进行打分，最后对各方案的评分进行加总，分值高者方案为优。评估因子包括实现旅游开发总体目标的能力，与区域开发政策的一致性，成本效益比，创造就业机会数量，创汇能力，社会文化与环境效益，对相关产业的连带作用，社会文化的消极影响等。方案评价与选择时一定要注意平衡区域与旅游景区之间的利益关系，照顾地方居民、企业与政府的目标和利益。

6. 方案实施

各开发主体按规划所设计的政策及角色分工实施方案，进行实质性开发工作，一般开发分四个阶段：基础设施建设、旅游设施建设、经营、扩张与调整。

7. 监控与反馈

监控反馈程序包括三种工作：投入-产出统计、偏差评价、原因分析。

产出统计是对旅游开发经济产出（包括接待游客人数、外汇收入、总收入）、社会指标（就业、基础设施改善、文化遗产保护、环境目标等）进行统计。

投入统计主要是对成本的实际情况、资金分配结构、各种产品与服务的供给情况进行统计。投入-产出统计之后便进行偏差评价，即将投入-产出统计结果与财政预算、预定目标进行比较。从而发现哪些目标已实现，哪些目标未能实现，找出计划与实施的偏差。然后对出现偏差的原因进行分析，有外生因素如政局、市场、价格等因素，还有内生因素如人力组织、政策失误、规划不可行等。

8.调整策略

对实施结果与预定目标进行比较分析,找出偏差的原因,调整目标或调整实施方案,使规划更趋合理,对规划进行修改乃至重建。

第二节　旅游区性质、形象定位及设计

一条河、一座山、一个集镇、一个村落、一片开阔地、一架桥梁……如何开发成一个炙手可热的旅游区? 旅游区主题形象定位的构思与创意可以给旅游区的未来发展描绘一幅最美、最新、最可行的发展蓝图。

一、旅游区性质定位

1.旅游区性质的概念

旅游区性质指规划的旅游区区别于其他旅游区的根本属性,旅游区的性质必须依据区域的典型景观特征、欣赏特点、资源类型、区位因素,以及发展对策与功能选择来确定。

2.旅游区性质的确定依据

旅游区性质的确定必须依据典型景观特征及其游览特点,依据风景旅游区的优势、矛盾和发展对策,依据规划原则和功能选择来确定。

3.旅游区性质的确定方法

表述风景区性质的文字应突出重点、准确精练。

(1)旅游区景观特征。

确定景观典型特征常分成若干个层次表达,最精练的一层仅用一句或若干词组表示,第二层则为能说明第一层的景物、景象或景点,使第一层表述的景观特征成立。

(2)旅游区功能确定。

旅游区的功能是游憩娱乐、审美与欣赏(旅游观光)、认识求知(科考)、休养保健(疗养)、启迪寓教(科教)、保存保护与培育、旅游经济与生产等。

(3)旅游区级别的确定。

旅游区级别有国家级、省级和市级三级,如尚未定级则称谓为国家级意义、省级意义或市级意义。

【案例】

千岛湖风景区性质:千岛湖风景区的性质被确定为具有幽、秀、奇、野的自然

秀丽风光,是集游览和疗养度假为一体的大型多功能国家级风景区。(风景特征、功能、级别)

喀纳斯风景区性质:喀纳斯作为目前人类少数尚未开发的地区之一,首先要做的是保护好这片人间净土,包括良好的生态环境、丰富的生物资源、优美的自然风光和丰富的民俗人文资源。在资源得以保护的基础上进行适度开发利用,规划建设为具有国际同类地区水准的集生态保护、风景观光、科学考察、休闲娱乐等功能于一体的高品质的地区。

二、旅游区形象定位及设计

1.旅游区形象的概念

广义上讲,旅游区形象应该包括能够被社会公众所感知的有关旅游区的各种外在表现,这种外在表现既包括有形的硬件设施,如旅游区空间外观、标志标识、服务设施等,也包括无形的形象要素,如文化背景、人文环境、服务展示、公关活动等。这些因素相互融合,形成综合的感知形象,带给公众全方位的体验和感受。

2.旅游区形象的定位

定位一词来源于广告学的概念,强调的是促使商品深入人心的策略和手段。市场定位,就是指设计一定的营销组合,以影响潜在顾客对一个品牌、产品或一个企业组织的全面认识和感知,而形象定位则是探讨如何使产品进入消费者的心中,最终被消费者所接受。

旅游区形象定位是一个双赢的过程,既要创造一个能充分被游客接受认知的形象,同时这个形象又能将旅游区的特点、优势表现到最佳,从而激发游客的购买欲望和旅游决策,甚至激发旅游者的深层次情感认同。

3.旅游区主题形象设计

旅游区主题形象又可称为旅游区主题,它是旅游者通过旅游体验活动对旅游区产生突出的思想认识与感情活动。科学的旅游区主题设计能够有效地集中景区有限的人力、物力和财力资源,增强景区整体吸引力。

三、旅游区 CIS 识别系统

旅游区 CIS 是旅游区为了塑造良好的形象,通过统一的视觉设计,运用整体传达沟通体系,将组织的经营理念、文化活动传递出去,以突出旅游区的个性和精神,与社会公众建立双向沟通关系,从而使社会公众产生认同感和共同价值观的一种战略性活动。

将 CIS 引入旅游区经营管理是非常必要的,对旅游区来说,通过 CIS 系统对内可以强化旅游区作为企业组织的内心里和凝聚力,增强旅游区的适应能力;对外可以使社会大众对旅游区形象产生更强烈的印象,为旅游区发展创造竞争优势。

1. 理念形象(MI)——口号,主题

(1)理念形象的内容。

理念形象设计的内容包括旅游区资源特色的提炼、旅游区规划管理者的哲学思想和旅游服务的行为准则,旅游区规划的总目标是什么,各阶段的分目标是什么,旅游资源有什么特色,要在理念形象设计中予以反映。

【案例一】山西平遥古城

平遥古城是中国境内保存最为完整的一座古代县城,是中国汉民族城市在明清时期的杰出范例。

平遥古城的一级理念和二级理念分别是:

一级理念:华夏第一古县城——城墙围起来的历史。

二级理念:晋商文化通天下,古城英姿冠神州;中国近代金融业的摇篮,汉民族城市的遗存景观,现代文明的古文化观光园。

【案例二】旅游宣传口号

旅游宣传口号是对于旅游地形象的精准表达,对旅游地至关重要。它以生动、个性、独具吸引力和创新性的文字对旅游目的地形象表达进行凝练和升华,是旅游规划中必不可少的一部分。

厦门,其旅游宣传口号为"海上花园,温馨厦门"。

珠海,其旅游宣传口号为"浪漫之都,中国珠海"

三亚,其旅游宣传口号为"天涯芳草,海角明珠"。

杭州,其旅游宣传口号为"爱情之都,天堂城市"。

苏州,其旅游宣传口号为"人间天堂,苏州之旅"。

丽江,其旅游宣传口号为"七彩云南,梦幻丽江"。

扬州,其旅游宣传口号为"诗画瘦西湖,人文古扬州"。

武夷山,其旅游宣传口号为"东方伊甸园,纯真武夷山"。

义乌,其旅游宣传口号为"小商品的海洋,购物者的天堂"。

成都,其旅游宣传口号为"成功之都,多彩之都,美食之都"。

福州,其旅游宣传口号为"福山福水福州游"。

天津,其旅游宣传口号为"天天乐道,津津有味"。

（2）理念形象的功能。

①导向功能：理念形象规定了管理者管理行为的价值取向，为景区确定了发展方向，同时也是景区制定规章制度的依据。

②渗透功能：视觉渗透着意识，意识又作用于视觉的渗透，两者融为一体。理念形成了一种战略，进行有意识、有计划、有目的的行为渗透。

③辐射功能：理念形象不仅可以规范管理者和服务者的行为，也能改善旅游者对旅游目的地的形象认识，甚至影响当地居民的感觉意识。

④识别功能：理念形象虽然看不见，摸不着，但可以通过视觉渗透和行为渗透予以识别。

（3）理念形象的设计。

第一，必须强调景区的个性特征。

第二，必须考虑景区的环境特点。

第三，必须考虑时代特点和市场特征。

2. 视觉形象（VI）

（1）视觉形象的内容。

视觉形象包括：景区标志性景观、区徽、区旗设计，景区、景点名称标准字体，景区的标准色，建筑造型设计，代表景点的选择，植物水体景观设计，景区特色歌曲、乐曲的制作。

有建筑艺术风格、色彩、景区道路、水体、小品、绿地树木花草、路标、路灯、电话亭、服务亭、旅游企业招牌、标志、企业员工服饰等。

整体色彩规划、景区导引指示牌、停车场区域指示牌、景区平面布局示意图、景区总体介绍牌、活动招牌、方向指引标识牌、公共设施标识牌、布告栏、道路导向指示牌、欢迎标语等。

（2）视觉形象设计。

第一，视觉形象设计要体现理念形象。

第二，视觉形象设计要体现人地协调性。

3. 行为形象（BI）——节庆活动等

行为形象的塑造包括两个方面：

一是内部塑造，通过员工教育、服务态度、服务质量、迎接技巧、废弃物处理等，塑造内部形象。

二是外部塑造，通过广告宣传、服务水平、商业活动向外部公众输出强烈的景区形象信息，从而提高景区的知名度、信誉度。

【案例一】金州旅游发展形象定位——金渤海岸·浪漫之巅

1.形象定位作用

突出作用:对信息选择的突出作用,"金渤海岸"简洁而明快,直奔主题。对形象的突出作用,作为金州拳头产品,必须支撑金州旅游形象。对市场的突出作用,对游客形成足够的吸引力。

烘托作用:对大连"浪漫之都"形象的烘托;对金州现有产品和未来的主打产品进行有效的烘托。

提升作用:对大连的浪漫主题进行深化和提升;"浪漫之巅"的形象定位依托于大连,在其基础上有了进一步的提升,强调巅峰浪漫体验。

2.分区定位

(1)红色旅游:关向应的故乡,红色英烈,向应故里。

(2)山体宗教旅游:空谷山林,修身养性,涤荡身心,沐浴山野。

(3)农业旅游:乡俗野趣,生态自然,怡情恬园,放牧心野。

(4)金渤海岸:金渤海岸,活力无限;动感海滨,放射激情;激情大连,金渤海岸。

3.营销口号

(1)大连周边地区——阳光金州,怡情恬园。

金州之旅,带给游客阳光般明朗的心情。阳光下欢乐的放飞,阳光中健康的洗礼。

(2)东北三省——冬天里的春天,北国人的花园。

冬季里春天般的气候、花园般的环境,突出金渤海岸冬季旅游的核心卖点。

(3)国内其他地区——休闲东北海滨,浪漫东北情怀。

金州作为浪漫之都的重要载体,突显大连的休闲浪漫情怀。

(4)日韩俄——浪漫山水,璀璨金州。

强调金州浪漫的同时,要突出金州旅游夜生活的绚丽多彩,使海外游客在金州旅游夜生活项目体验异域文化的浪漫情调。

(5)其他海外市场——中国浪漫之都,大连休闲天堂

没有大连,无从知道金州。突出了金州与大连的差异化,也强调了金州是大连最高品位的休闲场所之一。

4.营销策略

(1)共生营销。

金渤海岸与金石滩联合,成为大连的两大品牌;大黑山旅游加入省域内凤凰

山、千山等营销体系。

（2）一体化营销。

产品一体化，以"两山两海"为龙头，通过山海＋农业＋红色＋体育＋宗教，形成一体化旅游产品。

（3）重点营销。

选择重要的目标城市，在夏季，重要节日旅游高峰进行营销；与槐花节、庙会、樱桃节相结合，策划旅游节事。

（4）差异化营销。

强调金州旅游与大连其他区域旅游的差异，强调金州较好的生态环境和人文资源，滨海旅游强调其嬉海、度假的内容。

【案例二】兴山县城旅游的形象定位

定位一：

形象定位——三峡、神农架、武当的家——中国兴山

1. 形象定位阐释

以"三峡""神农架""武当"等鲜明形象为依托；

以"品、观、览、悟"进行分区定位；

强调包括兴山在内的整体旅游体验；

重点提升游客的区域整体认知；

采用比附定位，让兴山与顶级景区同行，共同被游客感知，表明了兴山服务于三大景区的定位；

昭示了兴山的服务功能特色——温馨、舒适、休闲、放松、欢娱的"家外之家"的感觉与氛围。

2. 宣传口号

观神农秀色、览三峡奇观、悟武当真意、品兴山多味；

朝游神农，夜宿兴山；

珠联三峡秀色，璧合神农奇观；

访神农、上武当、下三峡，从这里出发。

定位二：

形象定位——"昭君故里，移民新城"

1. 形象定位阐释

"昭君故里"体现了兴山旅游文脉，市场识别明晰，品牌效应显著。"昭君"品牌经过内蒙古、湖北等地的经营，在国内外旅游市场已具有较高知名度，利用昭

君品牌,既可借势发展,又突出地方特色。以"故里"强调在昭君品牌中的唯一性,强化游客的独特感知。"移民新城"反映了兴山县城的时代新貌,展现了兴山旅游的现实特征。"移民"诉求突出县城新的文化特征,是近期媒体关注的焦点,也是县城形象传播新的着力点。以"昭君"和"移民"作为文化吸引、以"故"和"新"相互对应,一古一今,相得益彰,既彰显了兴山旅游的历史积淀,又传达了时代气息。

2. 宣传口号

美女昭君,美景兴山;

昭君故里美如画,移民新城家外家;

兴山山水育美人;

览三峡工程,游移民新城;

昭君故里,美哉兴山。

定位三

形象定位——昭君故里,神农门户——中国兴山

定位内涵阐释;

植根地方文脉;

依托昭君品牌;

融合一江两山;

点出特色兴山。

第三节　旅游区空间功能布局设计

旅游区空间功能布局是依据旅游区内的资源分布、土地利用、主题定位等状况对景区空间进行系统划分的过程,是在景区内进行统筹安排和布置。旅游区的空间功能布局决定旅游区的内部结构,对旅游区内的景观设计、游线设计等都会产生深远影响。

一、旅游区空间功能布局原则

1. 突出分区特色

旅游区给旅游者留下深刻印象的大都是其特色之处,突出分区特色是功能布局的首要原则。体现在两方面:第一,应以一定的自然资源条件为基础,即空间的划分和区域特色的确定不能凭空想象,而应以实际资源和环境条件为依据。第二,各分区的景观和项目设计应与该区域的功能和形象保持高度一致。空间布局中应强调各分区中景观、项目、活动、服务的特色与分区主题和形象定位的

一致性,以此来实现区域的特色化设计。

2. 功能单元大分散,小集中

大分散是指景各分区的功能及主要项目的相对分散化分布,小集中则指在区域范围内服务配套设施的布局采用相对集中式。

旅游项目在旅游区过于集中可能会造成游客集中在项目集中区,而使此区域游客容量超载,继而破坏旅游环境,也不利于旅游区空间的平衡发展。但景不同类型的服务设施,如餐饮、住宿、娱乐、购物等设施应相对集中,便于为游客服务,也促进各类服务综合体在空间上产生集聚效应。

3. 协调功能分区

协调功能分区主要是指处理好旅游区内部各分区与周围环境的关系,功能分区与管理中心的关系,功能分区之间的关系以及旅游区内主要景观结构(核心景观、主体景观)与功能分区的关系。

4. 合理规划动线和视线

动线是指旅游区内旅游者移动的线路,视线则指旅游者的视力所及的范围。合理规划动线和视线要求在空间布局上应从人体工程学的角度,充分考虑旅游者各个感官,满足游客交通需求,并使其体验到旅途中的视觉美感。

5. 保护旅游环境

保护旅游区内特殊环境特色,游客接待量控制在环境承载力之内,以维持生态环境的协调演进,保证旅游区的土地合理利用。要保护景区内特有的人文旅游环境和真实的旅游氛围。

6. 以人为本

体现在经济价值与人类价值观的平衡;创造充满美感的经历体验;满足低成本开发及营运成本技术上的要求;提供后期旅游管理上的方便。

二、旅游区常见功能空间布局模式

1. 自然保护区

自然资源为主的景区常采用三区结构形式,三区结构即按照资源的集中、典型程度把自然保护区分为保护区、缓冲区和密集区(见表 3.6)。

表 3.6　自然保护区常见功能分区模式

保护区	缓冲区	密集区
旅游景区系统结构的核心,是受绝对保护的地区,一般都位于本地自然系统最完整、野生动植物最集中、具有特殊保护意义的地区	保护区和密集区之间的过渡地带。该区域只允许进行科研活动和少量有限的旅游活动,要控制游客数量和旅游活动类型,只允许不对环境造成破坏的交通工具进入。该区可以起到生态建设、过渡保护、教学科研等作用	游客在旅游景区内的主要活动场所,是以自然资源为主的功能区中旅游接待设施最密集、人口活动量最大的区域

2. 风景名胜区(见表 3.7)

表 3.7　风景名胜区常见功能分区模式

类型	功能分区内容
参观游览区	由自然风景和人文风景组成,常以景点和景点游线的形式表现
缓冲科考区	位于核心保护区和参观游览区之间的保护区域
核心保护区	为了维护当地的生态设立,常为植被最原始、地理环境复杂的区域
旅游镇	为保护风景名胜区的环境,常将餐饮点、管理点、游乐中心集中布局,这也是当地人集居的地方
服务管理区	可以分为旅游服务中心、游客集散地和行政管理区
当地居民生活区	一般风景名胜区范围较大,可以让部分当地居民继续生活

3. 森林公园(见表 3.8)

表 3.8　森林公园常见功能分区模式

类型	功能分区内容
游览区和游乐区	由特色群落、古树名木、自然山水组成,是森林公园的主体
野营野餐区	这一区域应以餐饮点、管理点、游乐中心为核心呈环线分布
服务管理区	可以分为旅游服务中心、游客集散地和行政管理区
林业及旅游商品生产区	主要有木材加工、花卉植物种植、特色商品加工等
服务管理区	可以分为旅游服务中心、游客集散地和行政管理区
生态保护区	相当于自然保护区的缓冲区
居民保护区	为了维持原始风貌,有可能保护当地居民的生活环境不受打扰,另外,林业工人和从业人员也可能住在里面

4. 度假区（见表 3.9）

表 3.9　度假区常见功能分区模式

类型	功能分区内容
旅游中心区	由大门接待区、中心商业区、旅游住宿区、娱乐区、公共开放空间、绿色空间等组成
度假休闲区	可安排度假住宅、小型度假村、会议休闲中心、高尔夫球场等项目
森林登山区	一般保持原貌，丰富植被种类，可开展登山游道、攀岩、越野、野战、狩猎等项目
水上游乐区	可开展公共沙滩、垂钓、水中养殖、水上娱乐项目等
风俗体验区	开发保护当地的风土人情、历史建筑、特色餐饮、民俗街区等
其他	可能有环境保护区等其他因地制宜的功能区

5. 历史文化旅游区（见表 3.10）

表 3.10　历史文化旅游区常见功能分区模式

类型	功能分区内容
绝对保护区	绝对保护区是级别最高的保护等级，如文物古迹、古建筑、古园林等的所在地，由保护单位全面负责，所有建筑物和环境都要严格认真保护，不得擅自更动原有状态、面貌及环境
重点保护区	是绝对保护区外的一道保护范围界限，它不仅能确保不受到物质破坏，周边的历史环境也要得到有效的控制。在重点保护区内的各种建筑物和设施都要符合城建和文物单位的审核批准
一般保护区	又称环境协调区，是在重点保护区外再划的保护界限，这个区域内的建筑和设施要成为景观的过渡，以较好地保护环境风景

6. 宗教文化旅游区（见表 3.11）

表 3.11　宗教文化旅游区常见功能分区模式

类型	功能分区内容
宗教文化影响区	指整个当地民俗化的宗教文化。宗教文化通过老百姓的日常生活习惯、休闲娱乐等表现出来。旅游者可以从当地民众的普通生活中体会到宗教文化旅游区的特质
宗教文化体验区	这个区域主要指宗教建筑及主流宗教人士活动区域。旅游者可以通过当地宗教人士的活动体验宗教活动
宗教文化精髓区	精髓区是普通旅游者不能进入的宗教区域，是涉及宗教经典教义传承的区域

7. 公园(见表 3.12)

表 3.12　各类公园常见功能分区模式

类型	功能分区内容
主题公园	这里主要指大型主题公园,除了服务区外,各个主题公园根据自己的主题划分功能区,如世界之窗就可以把整个公园划分为欧洲区、非洲区、亚太区、美洲区、国际街等旅游功能区,每个区域自成一个体系,又很好地契合了"世界"这个主题;有些主题公园根据娱乐项目场地划分为舞台区、广场区、村寨区、街头区、流动区及其他等
休闲公园	休闲公园又可以被称为市政公园,强调为当地市民服务。一般公共设施区、文化教育设施区、体育活动设施区、儿童活动区、安静休息区、老年活动区、花园区、野餐区、经营管理设施区等
盆景园	盆景园的功能分区按照盆景的分类一般分为树木盆景区、山水盆景区、树石盆景区、花草盆景区、工艺盆景区及特展区。也可按照游览顺序分为序区、室内区、室外区等
植物园	植物园是以展示植物标本和进行科研为主的城市公园。除服务区外,一般有展览区、研究实验区、图书区、标本区和生活区等
动物园	动物园是以展出野生动物、濒危动物及宣传动物科学、引导人们热爱动物的场所,包括综合性动物园、水族馆、专类性动物园、野生动物园等。一般大型动物园都有科普区、动物展区、服务休息区和办公管理区等。科普区往往包括标本室、化验室、研究室、宣传室、阅览室、录像放映厅等。动物展区除了传统地按地貌、气候、分布设置各动物的展区外,新型的展区还有乘车区参观散养的野生动物
纪念园	纪念园是为纪念历史名人活动过的地区或烈士就义地、墓地建设的具有一定纪念意义的公园,有烈士陵园、纪念园林、墓园等。一般都有陵墓区、展馆区和风景游憩区
湿地公园	湿地公园是指纳入城市绿地系统、具有湿地生态功能和典型特征的,以生态保护、科普休闲为主的公园。一般包括重点保护区、湿地展示区、游览活动区和服务管理区

第四节 旅游区景点规划设计

一、景点设计原则

1. 突出风景区特色的原则

不同的风景区的景物结构不同,由此形成了不同的区域旅游特色。因此,规划设计者应根据被规划风景区的景物特色,设计出有较强吸引力的景点,构建系统性明显的景点布局框架,使景点体现立意新、定位准、方向明确的规划设计思想。

2. 突出主要景物的原则

旅游区景点一般由多个景物构成,其中一个或几个景物为其主景,其他为辅景。主景取意而出名,辅景陪衬而烘托,只有主景显单调,无主有辅不成景。由此可见,景物中的主景和辅景的关系就像花和叶的关系一样,辅景起着烘托、增强主景效果的作用,甚至于起到具有唯我独有的功效。因此,在风景区景点设计中,首先应区分主景与辅景,然后以主景为中心考虑对景点的设计。

3. 自然景物为主的原则

风景资源包括自然资源和人文资源,在景点规划设计时,应以自然风景资源为主,即以自然景物为主,适当增加人文资源的内容。在景点设计时应以自然景物为基础,适当增加历史文化渲染。在对景点的文化渲染时应注意 3 个方面的原则:

(1)少而精的原则。

不追求对每一个景点的变化渲染,但要求凡与文化有联系的景点必须形象贴切。

(2)体现地方文化价值的原则。

对景点的文化渲染应有一定的人文基础,如历史记载、带有普遍性的民间传说,近代名人、墨客的遗留等。

(3)渲染力度适当的原则。

渲染应以体现地方历史文化为主,不可生编硬造或嫁接其他旅游区著名景点的内容。

4. 游赏为主的原则

旅游区以其不同的独特自然风光而对游人产生吸引力,即使是沙漠、戈壁也因其独特性产生吸引力。因此,在规划设计时应以开发游赏价值较高的景点为主导思想,因地制宜地适当增加游乐设施,使旅游者在观赏自然风光的同时,参与一些游乐活动,丰富旅游经历。

5. 培育良好的生态环境原则

景点规划设计必须考虑对环境的保护,特别是补充性景点,建设项目应以保护和有利于培育良好生态环境为原则,应坚持既建名胜景点,又要保护生态环境的设计思想。在规划设计时考虑到这些因素,会建成青山常在、绿水长流,形成高一级的生态平衡,也使旅游区成为高生产力的旅游区。

6. 最佳经济效益原则

旅游区开发是区域经济发展的一部分,是企业行为,景点设计时应考虑它的经济价值,考虑它对游人的吸引力。虽然有些景点唾手可得,但四处可见,没有明显的独特性,这些景点可作为主要景点间的过渡景点,起到移步换景的作用,不宜重金修饰;另一些景点虽然残败,或不构成完美景点,但它为地方独有,或具有较强的历史影响,是游人向往之处,则可着重建设。

7. 功能兼备原则

所谓功能兼备,就是说在旅游区建设一个项目时争取体现多个旅游功能,尽可能地避免建设项目的功能单一化。对于一些非观光型项目建设,应尽量同游览功能结合,做到建设项目的共用,最大限度地发挥资源的综合使用价值。

二、景点设计类型与方法

1. 景点设计类型

景点在设计手法上只求相对完备、意境充实,不求面积的大小。其面积大小取决于地理环境和景物分布、景物体量等,小者有数百平方米,大者可达数百万平方米。景点在设计类型上可分为自然型、历史型、文化型和特殊型。

自然型旅游景点是以自然山水为基本要素特征的景物和景观点。自然型旅游景点是旅游景点类型中数量最多的类型;历史型旅游景点是以历史文化遗址、遗迹、遗物为主体的游赏物的游览观光点;文化型旅游景点是以某种文化为载体的游赏点,如壁画、摩崖石刻、石窟、歌舞等;特殊型旅游景点是以某种特殊景物为游览对象的景观点,如航天飞机、航空母舰等。

2. 景点设计方法

按开发程度可分为保护型、修饰型、强化型和创造型。以下主要说明按开发程度划分的景点设计类型的设计方法。

(1)保护型景点设计。

所谓保护型景点设计,就是在景点规划设计中对于美学特征突出、科研价值高,有着深刻的文化内涵和重大历史价值的景物,在设计中应按照原有的形态、内容及环境条件完整地、绝对地加以保护,供世世代代的人们观赏、考察研究。

（2）修饰型景点设计。

所谓修饰型景点设计,就是对于重要景物,为了保护和强化它的形象,通过人工手段适当地加以修饰和点缀,以起画龙点睛的作用。如将裸露在野外的碑文、文物放在与之相协调的建筑物中,既可以起到保护作用,又可以引导游人游览和考察;在山水风景区的某些地段,选择观景的最佳位置,开辟人行道和修建一定的景观建筑,将美好的画面展现在游人面前,既有利于旅游者观赏,又丰富风景内容;在天然植被中,调整或培育部分林相,可使风景区景观更加丰富多彩。

（3）强化型景点设计。

所谓强化型景点设计,就是利用强化手段,烘托和优化原有景物的形象,创造一个新的景观空间,以便更集中、更典型地表现区域旅游特色。如在海滨地带建立"海洋公园",使游人能在较小的范围、较短的时间内,观赏到海洋中各种鱼类,到海洋中去"探险",参加各种体育和游乐项目;再如在森林中建立森林旅游城,可以在一定范围内看到典型的森林植物和动物,并可实地观看、接触各种野生动物;还有对水资源的强化利用,常常是旅游区水上项目建设的主要手段。

（4）创造型景点设计。

所谓创造型景点设计,就是根据区域的客源条件,区位和环境状况,利用现代材料和科技手段,将人间神话、故事幻想变成现实景点,或者设计仿古园、微缩景观、人造园林等。如溶洞的灯光设计、度假村夜景的灯光效应、大草原上的包房、风景区的大门等均可采用创造型景点设计手法。

三、景点命名的意义与方法

1. 景点命名意义

景点命名是景点设计的重要任务之一,是旅游区规划设计成功与否的关键性因素。如果景点名称形象、独特、意境深刻,或与某些有影响的人和事有密切联系,则使游客便于记忆和广为流传。

2. 景点命名方法

（1）利用原有名称。

在规划设计的境域内,有一些观赏价值较强的物象已有名称,它当时可能作为一个地方的地点名称出现,而且被当地群众所流传。这些物象名称往往富有一定哲理,或再现了一段历史故事。对于这些名称,在景点设计中应加以利用,特别是那些有积极意义、教育意义和代表地方特色的名称,应深刻了解文化内涵,使其作为景点进行开发。

（2）按照物象命名。

按照物象命名是旅游区规划设计中景点命名最多的一种。在一个规划的旅游区内，往往包含有多种类型的景物，如植物、动物、地质、水文、天象等。这些景物为景点命名提供了条件，为丰富风景区景点奠定了基础。

（3）按照历史故事命名。

我国历史悠久，文化起源和发展多样，不仅各民族的文化特点和流传不同，而且在同一民族的不同地域间也存在差异。特别是规划区独有的，被大多数人所了解的历史故事，更是在景点名称设计中要重点考虑的对象。

（4）关联性命名。

关联性命名法是将一个为人知的历史事件，用形喻义的方式表现出来，说明一个较为完整的历史故事或历史事件。关联性命名是对多个有联系的景点的系统命名，它区别于按照历史故事的命名方法。如在一个规划区内，往往伴随已有宗教文化活动，这一区域在规划中可独立成为一个景区。因此该景区内的大部分景点应与宗教文化统一，更不能有相悖的景点名称出现。

【案例】

重磅消息！惠州西湖景区要大变样了！西湖景区要怎么"大变脸"？

规划六大主题分区，到 2020 年，拟新增、恢复西子湖等 22 处景源，到 2025 年拟新增、恢复桃花溪等 12 处景源。

为贯彻落实《惠州西湖风景名胜区总体规划（2012—2025）》的要求，加快惠州西湖风景名胜区建设步伐，西湖园林管理局组织编制完成《惠州西湖风景名胜区详细规划（草案）》（以下简称"规划草案"）。

根据规划草案，惠州西湖风景名胜区总面积为 2 090.7 公顷，由西湖景区和红花湖景区组成，其中，西湖景区面积为 404.1 公顷，红花湖面积为 1 686.6 公顷。惠州西湖风景名胜区拟定位为以素雅幽深的山水为特征，以历史文化为底蕴，以休闲和观光为主要功能的国家级风景名胜区。

一、惠州西湖风景名胜区规划空间结构

惠州西湖风景名胜区拟规划结构为"一带双心，三区三环多节点"。"一带"为环湖游赏带；"双心"为西湖景区综合服务中心、红花湖景区综合服务中心；"三区"为核心游览区、观光休闲综合区、生态休闲游赏区；"三环"则为西湖游赏环、红花湖游赏环、郊野游赏环（如图 3.1）。

二、惠州西湖风景名胜区主题分区

1. 平湖景区

东坡文化主题区（以登塔观湖、东坡文化、佛道文化为主要特征）。

图 3.1　惠州西湖风景名胜区规划空间结构图

2.丰湖景区

国学文化主题区（以书院遗址、文化纪念为主要特征）。

3.南湖景区

东征文化主题区（以东征文化、登高览胜为主要特征）。

4.菱湖景区

名人纪念主题区（以溯流寻源、悯人文化为主要特征）。

5.鳄湖景区

军旅文化主题区（以东江文化、名人墓葬、军旅文化为主要特征）。

6.高榜山－红花湖景区

郊野游览主题区（以登高望远、临湖观景和多样化的植物景观为主要特征）。

三、惠州西湖风景名胜区景点建设

在景观保护及利用规划方面，惠州西湖景区会有较大调整。本次规划新增、恢复景源采用分期建设实施策略。近期至 2020 年，恢复及新增景源主要集中在高榜山－红花湖景区，西湖景区新增主要为西子湖、熙春台等以及完善古榕山、紫薇山等山体游线建设，涉及景源共 22 处。

远期至《惠州西湖风景名胜区总体规划（2012—2025）》提及的期限，主要恢复的是有搬迁、回收用地需求的景源，拟新增、恢复桃花溪、怡园等 12 处景源（见表 3.3）。

表 3.3　景源分期建设一览

近期建设景源一览（至 2020 年）		远期建设景源一览	
景源名	模式	景源名	模式
西子湖	恢复	沁园	恢复
熙春台	恢复	玉蒲孤塔	新增
长汀凌波	新增	桃花溪	恢复
观鱼轩	恢复	卜宅记碑	新增
武陵春色	恢复	桃源日暖	恢复
松枫阁	恢复	禅栖寺	恢复
百鸟谷	新增	罗浮道院遗址	恢复
浩气长歌	新增	今是园	新增
古榕碧荫	新增	犹龙剑气	新增
观榜台	新增	怡园	恢复
爱莲小舍	新增	曲栏戏鱼	新增
红花胜境牌坊	新增	菡萏移舟	新增
红花谷	新增		
湖心环翠	新增		
烟渚新亭	新增		
幽谷芳菲	新增		
兰花涧溪	新增		
竹林探幽	新增		
澄潭映月	新增		
斜阳山紫	新增		
产业遗址公园	新增		
横槎桥	恢复		

第五节 旅游区游线组织设计

一、旅游线路的界定

"旅游线路"有两个层次上的不同含义:一指"游览线路",是在旅游地或旅游区内游人参观游览所经过的路线,它仅是某种行动的轨迹,仅涉及旅游通道。二指旅游经营者或旅游管理机构向社会推销的产品,并帮助旅游者圆满完成旅游活动的过程。

二、旅游线路的作用

1.处理好游赏空间和过渡空间的关系。

2.给游客带来最大信息量。

3.景物欣赏应有层次感和变化感。

4.富有节奏和韵律,动静皆宜。

5.减弱游线对环境的干扰。

三、旅游线路设计的原则

1.因地制宜原则

考虑区域地质地貌与生态环境,根据服务设施和基础设施条件、旅游市场的实际需求、工程经济条件、旅游地的交通需求与道路交通等条件进行有针对性的游线设计。

2.时空艺术原则

综合运用音乐、文学、园林等艺术原则。

3.合理化原则

综合考虑时间、地点、交通、安全等各方面的因素,合理安排游客的食、行、住、游、娱、购等活动事宜。

4.科学化原则

以"行程最短、顺序科学、点间距离适中"为原则,避免在旅途上浪费过多的时间和精力。

5.联动协作原则

以旅游线路为纽带,考虑与周围旅游城镇、旅游区的联动协作,可以优势互补、联合促销、互相促进。

6. 高潮景点原则

将游客心理与景观特色分布结合起来，刺激满足游客的游兴。

7. 网络化的原则

注重游线间及周边旅游网络体系的衔接，形成合理的游线走向和良好的开放格局。

四、旅游线路规划设计的内容

旅游线路规划设计的目的是根据旅游市场的需求、旅游点的布局和旅游资源的保护要求，结合服务设施和基础设施的工程经济条件，合理安排整个旅游过程的活动路线，使旅游点、服务设施以不定的方式接结成一个具有特定功能的整体。旅游线路规划设计的具体内容如下。

1. 确定旅游流的主流向

根据旅游区的条件和旅游市场的需求，以强化产品特色，提高产品的"组合力"为主要目的，确定本地区的主要游线，并在此基础上进一步安排各项特种线路（如生态旅游、研学旅游）。

2. 确定各旅游线段的性质

旅游线路是连续的，但每一段旅游线所处的位置和所承担的功能却有很大的不同。确定各线段的性质，是旅游线路组织规划中的关键性工作。按各线段旅游功能和规划建设特征之差异，主要可分为"旅行""游览""旅游结合线"三类。

3. 合理安排时间结构

各旅游者群体要求在一定的时间内完成旅游活动，而各旅游区所能吸引游客逗留的客观条件也有所不同，因此旅游线路组织规划应根据具体条件，合理安排一日游、二日游、一周游等不同时间的旅游线路。

4. 合理安排转换节点

节点指不同性质的旅游线段的连接之处，它是游客的旅游方式切换点，常常也是不同游客群体的游线分岔点。规划要求转换节点的分布相对集中，转换节点（游线枢纽）避开核心区；节点地带一般须安排停车场、交通换乘中心；在转换节点安排适当级别的服务设施。

第六节　旅游区设施规划设计

一、旅游区服务设施规划

旅游区服务设施的建设是开展旅游业的先决条件,是游客集散的中心场所,是构成旅游区旅游业正常进行的基础要素。服务设施主要是指为游客提供各种服务的场所,主要包括以住宿服务设施、餐饮服务设施、购物服务设施和娱乐服务设施等。

(一)住宿设施规划

1.规划数量

(1)床位预测。

床位预测是住宿设施规划的重要方面,直接影响着景区日后的发展。因此,必须严格限定其规模和标准,做到定性、定量、定位、定用地范围,确保预测的科学性和可操作性。床位预测一般采用如下公式进行计算:

床位数=(平均停留天数×年住宿人数)/(年旅游天数×床位利用率)

(2)客房数预测。

标准间的数量为总床位数与2的商。在双人间的基础上,也设一些自然单间,以满足个别旅游者的特殊需求,一般为双人间总客房的10%～15%。

客房的计算方法为:

总房间数 $M=B/2+(B/2×10\%)-(B/2×2.5\%)$

上式 B 为床位数,10%为自然单间所占比例,2.5%为自然单间重复数比例。

(3)直接服务人员估算。

直接服务人员的估算以床位数为基础,根据景区的实际情况选取相应的比例系数进行测度。

直接服务人员=床位数×直接服务人员与床位数的比例

这个比例从国际上来看,一般为1:1左右,在中国的具体国情下,这个比例要高得多,一般从1:2到1:10不等。景区等级不同,所取比例相异。设施档次不同,所取比例也相殊,等级越高,档次越高,比例也相应较高。

2.档次规划

档次规划包括住宿设施的等级定位和相互间比例关系的确定。住宿设施根据设施及服务的完备度,可分为星级宾馆饭店、非星级宾馆饭店、一般的招待所及社会旅馆和家庭旅馆等。总的要求是控制规模,尽量少建和不建超豪华型的宾馆饭店,要以能接近当地自然和文化的普通型住宿设施为主,主要是在服务档次上加以改善提高。

3.择址规划

择址包括两个不同的层次,首先是在大的区域内的择址,需要从全景区范围乃至景区所在区域范围进行全盘地考虑,从而选出一个大致的地理位置。第二个层次是具体位置的选择,是在第一个层次的基础上,确定具体的位置、建筑风貌控制和面积大小等。

(二)餐饮设施规划

常见的餐饮设施可分为以下几种类型:

第一,在著名的地方供应的传统食品餐饮店;

第二,价格低廉临时搭建的食摊;

第三,在国际化、非个性化地带供应的快餐服务点;

第四,精致的大型宴会餐厅;

第五,销售汉堡包、三明治一类的快餐便食柜台。

饮食服务设施通常布置在游览起始点、途中及目的地三处,中间也可间隔地设置一些零散的饮食点。

(三)购物设施规划

购物设施的设置与布局在景区内的布局的灵活性也较餐饮设施为大。一般可在游客的集散地、观景地、中转站等地设立规模大小不一、档次高低不同的购物场所。

(四)娱乐设施规划

娱乐设施有时是作为景区的一个组成部分而存在和发展,但有时则是景区的主要吸引物,如大型的主题游乐园就属于此类。这里主要指的是一般性景区娱乐设施的规划。在进行娱乐设施的规划时需要考虑以下因素:

1.娱乐场所的选址应该考虑到社会条件的限制

从大的范围来看,娱乐设施的等级应该与景区的地位相称,如文博展览类的设施在一个小的服务部内就不能设立,但在旅游镇和旅游城里则应该布局。从小的范围来看,学校、医院、机关等附近则不能布局各类型的娱乐设施。

2.有与其提供的娱乐项目相适应的场地和器材设备

首先,这些场地和设备要达到国家规定的标准和要求,如歌舞厅内的灯光照明标准。这些设备所产生的噪声必须符合国家的管理规定。其次,场地与设备应与娱乐项目相配套,景区的文化底蕴为基础。

3.注重娱乐氛围的营造

要考虑到不同客源市场对娱乐的环境有不同的表现,以用餐环境而言,美国游客喜欢 3D(Dine,Drink,Dance,边吃、边喝、边跳舞);而欧洲游客追求浪漫情调,将酒、女人和喜悦完美地结合起来,即 3W(Wine,Woman,Wonder);中国人表现的则是 3C(Cheers,Chat,Chow)特征,就是在进酒、喧闹和用餐过程中制造热闹场面。

二、旅游区基础设施规划

旅游基础工程规划,应包括交通道路、邮电通信、给排水和供电能源等内容,根据实际需要,还可进行防洪、防火、抗灾、环保、环卫等工程规划。

1. 交通设施规划

旅游区交通服务是借助交通设施为游客在旅游区内实现空间上的位移以及满足游客在位移过程中的享受而提供的服务,具体指道路、工具、站点、引导等方面的内容。

随着旅游活动由初级的观景为主,时间紧凑的"苦行游"向较高级的休闲、娱乐与游览结合的休闲游和享乐游转化,交通工具的多样化成为景区的新亮点。

2. 旅游区交通的类型

旅游区道路系统由旅游干支道、游步道、停车场、桥梁、索道以及配套辅助设施。

(1)对外交通。

指国际、国内远途游客进入旅游景区交通枢纽城镇的交通运输,及远途客源地经过最靠近景区的城镇至接待中心的交通。对外交通设施包括公路与汽车站,铁路客运线与火车客运站,水路航运线与码头船坞,客运航线与机场等。对外交通要求高效、快速、经济、舒适、安全。对外交通规划是区域性规划的一个组成部分,要研究里程、交通方式、线路状况、所需时间、交通工具运行情况等问题。对外交通应要求快速便捷,布置于旅游景区以外或边缘地区。

(2)对内交通——"进得来,散得开,出得去"。

指旅游景区内部的接待区与游览区之间的交通,它包括以下几种形式:

①陆路车行道。景区的主要与次要交通车道,是连接景区景点之间,或旅游服务区、居住区与景区管理机构之间的游览道路。

②陆路游览步道。包括步行小径、登山石阶等。游览步道具有将各景区、景点、景物等相互串联而形成完整的景观游览体系,以引导游人至最佳观赏点和观赏面的功能。

三、旅游区解说系统规划

从解说系统为旅游者提供信息服务的媒体形式来分析,可以将其分为向导式解说服务和自导式解说服务两类。

1. 向导式解说系统规划

向导式解说系统亦称导游解说服务,以具有能动性的专门导游人员向旅游者进行主动的、动态的信息传导为主要表达方式。其职责包括信息咨询、导游活动、向团队演讲、现场解说。它的最大特点是双向沟通,能够回答游客提出的各种各样的问题,可以因人而异提供个性化服务。

2.自导式解说系统规划

自导式解说一般是由书面材料、标准公共信息图形符号、语音等无生命设施、设备向游客提供静态的、被动的信息服务。它的形式多样,包括音视设备、书面材料、自导活动、室内展览、游客中心、景点外或淡季时媒体等。其中标志和牌示是最主要的表达方式。旅游景区使用的标志,分为行政管理标志、方向标志、限制标志、解说标志等若干种。

【课后思考题】

1.旅游区规划的内容包括几个部分?

2.旅游区规划设计的流程有哪些?

3.请列举旅游区规划设计常用的法律、法规和设计标准。

4.旅游区修建性详细规划具体包括哪些内容?

5.旅游区性质的确定方法。

6.旅游区形象识别系统包括哪些内容,并详细说明。

7.景区形象定位的功能和作用。

8.上海迪士尼主题公园的形象定位是什么?

9.请以实际景区为例子,探讨主题形象定位对景区设计的作用和对拉动旅游业的重要功能。

10.请以实际景区为例子,分析该景区的空间布局是什么,并分析其合理与否。

11.自然保护区常用的功能空间布局模式。

12.风景名胜区常用功能分区模式。

13.森林公园常用的功能分区模式。

14.度假区常用的功能分区模式。

15.历史文化旅游区常用功能分区模式。

16.宗教文化旅游区常用功能分区模式。

17.各类公园常用功能分区模式。

18.景点设计的方法有哪些?

19.景点命名的方法有哪些?

20.旅游线路设计的原则。

21.旅游线路规划设计的内容。

22.旅游区服务设施规划包括哪些内容?

23.旅游区交通规划的类型。

24.旅游景区基础设施设计的必要性,并举实际案例进行旅游景区基础设计的实例分析。

25.对典型景区的住宿、餐饮和道路设施的设计进行分析。

【设计实践案例】

龙门石窟旅游规划设计

龙门石窟世界文化遗产园区具备高品质的旅游资源,具有很大的旅游开发潜力,但目前的保护与开发管理现状仍存在一定问题。为把龙门石窟世界文化遗产园区建设成为"世界知名、全国优秀、全省一流"的大型文化旅游区,2013年10月,龙门管理委员会委托,××旅游规划公司承接了《龙门石窟世界文化遗产园区旅游策划与总体规划》的编制。

龙门石窟世界文化遗产园区位于河南省西部,总面积31.7平方公里。是洛阳的文化标志和旅游形象代表,是洛阳最重要的人文景观之一,其资源等级高(特级景源)、富集度高,在亚洲地区拥有较高的知名度和美誉度。

一、项目现状分析

1.重点资源

龙门石窟世界文化遗产园区旅游资源的特点突出表现为,石刻艺术享誉全球;河洛文化源远流长;名人文化名倾天下;山体景观风貌完好;水体景观丰富多彩;生物景观各有千秋;气象景观奇特壮观;民俗风情异彩纷呈;宗教文化兼容并蓄;特色饮食风味十足。

可以说,石窟文化是龙门石窟旅游的灵魂,山水是龙门石窟旅游的支撑,历史是龙门石窟旅游的依托,生态是龙门石窟旅游的财富。

2.存在问题

龙门石窟景区的历史文化积淀深厚,但旅游产品单一,缺乏文化灵魂。园区的市场定位模糊不清,使得管理者不能有的放矢地进行景区管理、项目设置、市场营销,最终导致客源结构不合理。国内客源主要依赖省内与周边省份市场,境外游客比重偏低。游客以观光为主,停留时间短,消费水平低,综合经济效益差。客源波动性大,节假日热,平时偏冷。旅游要素不健全,大规模旅游市场尚未形成,旅游开发尚处于初级开发阶段。

整个景区开发建设档次不高,与国家5A级旅游景区和世界文化遗产园区的标准比较有不足,提升景区开发建设水平和质量等级迫在眉睫。对照《全国旅游景区质量等级的划分与评定》国家标准,目前龙门存在的主要问题有以下几方面：

（1）基础设施整体档次较低。

（2）公共服务体系不够完善。

（3）旅游接待设施没有特色。

（4）经营管理模式问题众多。

（5）景观与产品质量有待提升。

3. 规划难点

龙门石窟作为佛教文化圣地，拥有丰富的石刻艺术资源、历史文化资源、生态资源和温泉资源。虽然具备高品质的旅游资源，其发展基础较好，景区在旅游发展已经形成了相当的规模。但××旅游规划公司找出以下几点问题：

（1）旅游功能单一，游线太短。

（2）园林风格与环境历史不符。

（3）空间利用不合理。

（4）软性设施欠缺。

4. 核心思路

（1）重点打造入口区形象，完善游客中心功能，强化入口区的游客体验的情绪培养作用。

（2）把文化元素植入景观改造之中，丰富景区内的游线，形成合理的多层次的旅游行为组织。

（3）增强游客体验的互动性、通过特色化活动项目的策划，营造出符合景区文化的特色氛围。

（4）将大唐文化与皇家佛教文化有机融合，将特色文化注入景区的每个细节之中。

二、规划总述

本次旅游规划从河南旅游、洛阳旅游、龙门石窟石刻艺术文化旅游的实际出发，结合旅游的发展规律和国内外旅游最新发展趋势，按照可持续发展、协调发展、突出特色个性化发展、市场导向、产业联动开发、跨越和有序开发的原则对旅游区进行全面的总体规划。

龙门石窟景区诉求一直停留在石刻艺术上，给游客的利益好处不明显，产品创新不足，休闲体验不足。所以××旅游规划公司认为，从定位上应该从石刻艺术转到祈福吉祥文化，从产品上应该有新的创新，通过打造新龙门地标，做集吃、住、行、游、购、娱为一体的旅游小镇等对景区进行升级，从营销上通过一系列吸引眼球的营销活动提升龙门石窟的知名度，致力于将龙门石窟打造成国际文化旅游名城的核心名片,再造一个新龙门!

三、旅游形象定位

1. 旅游形象定位

鱼跃龙门处,百帝十万佛——百帝皇城对龙门,十万佛祖坐石窟

2. 定位依据

(1)香山与龙门山东西对峙,伊水于山间北流,远望犹如一天然门阙,故史称"伊阙"。后来隋炀帝迁都洛阳后,此处是为洛阳帝都的大门,所以才改叫龙门。

有史记载,隋炀帝亲临洛阳,登邙山以察地形。当南望伊阙,一喜:"此非龙门耶?自古何不建都于此?"身旁大臣唯恐奉承不及:"自古非不知,以俟(等待)陛下。"

(2)洛阳共有105位皇帝,十三个朝代在此建都,龙门作为百帝之都的大门,帝都是龙宫,所以此处才是真正的龙门——龙都之门。

(3)自古以来,龙门山色被列入洛阳八大景之冠,唐代大诗人白居易曾说:"洛都四郊,山水之胜,龙门首焉。"龙门作为洛阳八大景的首胜,虽然有史可载到过龙门的有15位皇帝,但古时的各种打猎、踏青、赏月、祈福等节事活动众多,龙门又作为洛阳八景的首胜,就如同北京的长城一样,虽然市志没有记载,但历届北京市长肯定也都登过长城,所以在此我们大胆猜测,定都洛阳的105位皇帝很大可能都来过龙门。

(4)纵观全国,叫龙门的地方有很多,但最有名的就是龙门石窟,其他很多地方都是传说,只有洛阳的龙门才是真正的龙门,是105位真龙天子的帝都的大门。

(5)龙门石窟是世界石刻造像的巅峰之作,被世界文化遗产组织评价为"是中国石刻艺术的最高峰",且造像有10万余尊,可以说在质量上是规格盛大的,数量上是次数众多的,所以才把皇帝、皇后礼佛图刻在此。

(6)龙门石窟背靠千年帝都,只有将百帝文化打造出来才能最大的借千年帝都的势,现在洛阳城区能够感受到帝都文化的地方在哪里?龙在哪里?××旅游规划公司在这里将龙门、将百帝雕像群打造出来,只有在这里才能感受到帝都文化。

(7)原有定位诉求在石刻艺术上,同敦煌石窟、云冈石窟定位同质化,且彼此之间难分伯仲。如果要论知名度,比不过敦煌,论佛像大小,比不过云冈,论佛像的精美,比不过大足。

(8)现有定位就石窟论石窟,定位在石刻艺术上,只是将龙门石窟的形式、表层传达出来,这里有众多帝王亲临过,且是帝王发愿造像的地方,是鱼跃龙门的

宝地,应将龙门石窟的定位从石刻这一表面升级到其内涵即鱼跃龙门、祈福吉祥的地方。

(9)具有强大的市场号召力及旅游吸引力。石刻艺术只能吸引到很小一部分特定人群,比较小众,旅游是面向大众,将石刻艺术升级到祈福吉祥这一方面,将能够辐射全国 13 亿人群,大大提升龙门石窟的旅游吸引力,也只有这样才能实现龙门旅游的突变、爆发式的增长!

四、分区、结构与布局

1.规划分区

在遵照"科学规划、统一管理、严格保护、永续利用"十六字方针的规划指导思想下,结合将园区打造成集文化游、生态游、温泉养生度假为一体的世界级文化旅游目的地的规划要求,从吃、住、行、游、购、娱等旅游各要素和为实现"鱼跃龙门处,百帝十万佛"的品牌定位的角度考虑,将龙门石窟世界文化遗产园区划分为"一心两轴三区"(如图 3.2)。

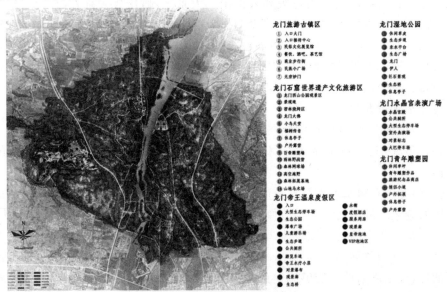

图 3.2　总平面及分区图

2.构建"龙凤呈祥"空间发展格局(寓意、理念)

依据旅游资源特征、旅游开发方向和园区空间整体形态以及与周边环境的相互关系,形成"龙凤呈祥"的旅游开发格局。

(1)"龙"。东山有白园,著名诗人白居易葬于此;有蒋介石和宋美龄的别墅;有武则天香山赋诗夺锦袍的佳话;还建有百帝雕像,白居易、蒋宋、武则天、百帝都是人中之龙、人中真龙,所以东山为"龙"。

(2)"凤"。湿地公园根据"所谓伊人,在水一方"的理念打造,围绕这一理念将《诗经》原文中所描绘的场景打造出来,评选最美的伊人即洛阳花魁,修建最美伊人女神像,打造婚拍基地,举行花魁巡游等一系列活动,所有的伊人、美人、花魁等全集中于此,所以湿地公园为"凤"。

(3)"祥"。龙门石窟中石窟集中在西山,西山石窟有万余尊佛,是历代皇室贵族发愿祈福的吉祥圣地,所以西山是"祥"。

以上功能区差异定位、特色显著、功能互补,构筑"山水为型、文化为魂、两区推进、全面联动"的综合型旅游目的地。

3. 六大功能分区

(1)历史文化游览区。

围绕"鱼跃龙门处"打造了造型简洁的水晶龙门震撼地标,从精神上吸引游客朝拜,同时结合年底举办的年度"鱼跃龙门"奖,将鱼跃龙门这一吉祥文化传递给大众,从造势上吸引媒体及大众关注,龙门古镇可以看到真正的鲤鱼跃龙门景象,从娱乐上增加游客的体验性;围绕"百帝十万佛"打造了百帝雕像群,东山百帝,西山万佛,游客在礼佛台拜佛时则印证了"背靠一百帝,一拜十万佛"。

布局的项目有:龙门、无穷妙门、景观门、通天道、百帝雕像群、石刻艺术文化园、白居易故居等。

(2)古镇休闲度假区。

小镇体量:五百亩(1 亩≈667 平方米)左右。

打造以唐代建筑风格为主的龙门古镇,引流水入古镇,打造小桥流水、古色古香的唐代古镇风貌,溪水养鲤鱼,设蟠龙门,形成鱼跃龙门的景观,通过龙门客栈、花魁巡游、体验鱼跃龙门等多种形式将小镇旅游气氛带热。并区别于全国各地成百上千个古镇,具有强大的旅游吸引力和市场号召力。

布局的项目有:龙门牌坊、唐代风格商业街、龙门客栈、鲤鱼跃龙门等。

(3)湿地公园休闲区。

理念:所谓伊人,在水一方。

湿地公园围绕"所谓伊人,在水一方"的理念打造,将最美的伊人以雕像的形式展现,将诗经中原文所描绘的场景打造出来,整个湿地公园配备地埋式音箱,循环播放着古曲,畅游其中,仿佛置身于古代山水中,营造一幅悠远静谧的美丽画卷。

布局的项目有:伊人雕像、诗经文化园、婚拍摄影基地、观光湿地等。

(4)温泉养生度假区。

××旅游规划公司将温泉包装为龙汤或百帝温泉,将 105 位皇帝以石刻雕像的方式雕于龙汤入口大厅两面墙上,每个泡池都按照历代帝王专门泡澡的地方来装饰,打造成百帝主题温泉,如唐太宗——星辰池、唐明皇——莲花汤、杨贵妃——海棠汤、元顺帝——漾碧池等,望子成龙望女成凤的家长都带孩子来泡泡,希望孩子可以成为人中之龙、人中之凤。

布局的项目有:百帝温泉(龙汤)、水上游乐场、高端度假酒店、自驾车营地等。

(5)休闲购物服务区。

休闲购物服务区即现在的东北服务区,位于规划区的东部,龙门石窟的东面,占地面积约为 0.5 平方公里。

布局的项目有:龙宫演艺中心、大型旅游购物中心、停车场等。

(6)农业休闲体验区。

布局的项目有:珍奇植物园、奇异瓜果观光采摘园、山地牡丹园等。

第四章 专创融合的旅游区主题公园规划设计实践案例

第一节 双创理论夯实理论基础——创新创业概述

2018年，习近平总书记在全国教育工作大会中提出大学要"积极投身实施创新驱动发展战略，着重培养创新型、复合型、应用型人才"。近年来，创新创业教育研究已成为高等教育领域颇受关注的热点。

一、创新创业

1. 创新的概念

在理论研究层面，"创新"和"创业"是两个不同的概念。创新的本质是一种突破，意在超越固定的思维模式、打破一般的戒律规定。创新的核心在于它的"新"，美籍奥地利经济学家熊彼得在《经济发展理论》中提到，创新旨在"建立一种生产函数，在经济活动中引入新的思想、方法，实现生产要素新的组合，并进入生产体系"。

"创新"一词在古书中就有记载，《广雅》中讲到"创，始也"，《魏书》中有"革弊创新"，《周书》中有"创新改旧"。创新是人类为了满足自身需要，不断拓展对客观世界及其自身的认知与行为的过程和结果的活动。

2. 创业的概念

对于"创业"概念的界定，目前公认最早的是美国学者柯林·博尔在1989年所提出的"enterprise education"概念（后来被译为"创业教育"），他认为创业教育是继学术能力、职业能力之后的第三种能力，并称之为未来发展必备的"教育护照"。

创业是个人或团体利用各式各样的资源，在社会实践中寻求机会，通过创新方式进行价值创造，从而获得财富和个人成就方面满足与回报的行为过程。

3. 创新与创业的关系

创新引领创业，创业推动创新，二者相互区别又相互联系。创新是创业的本质，创业的过程是进行持续不断的创新。创新强调重新认识现有事物，不断进行再发现、再改造；创业强调在创新的基础之上，运用技术、制度、管理等新成果的加持,不断开发、生产、创造新的收益。

二、创新创业教育

1. 创新创业教育的定义

创新创业教育是基于创业教育的基础而提出来的,是一个舶来词。创新创业教育是以创新为基础的,以激发人的创造力为核心,以培养大学生创新精神和创业能力为主要目标,同时指向未来事业创新、创业发展的一种新的教育理念和教育实践。创新创业教育的核心价值在于通过创新、创业精神、意识和能力的培养,提升学生的面向未来发展的竞争力和胜任力。

2. 创新创业教育的发展阶段

对于创新创业教育的发展脉络,大致可划分为三个阶段。

第一阶段是创新教育阶段。创新教育源于熊彼特的创新理论。我国创新教育与 1978 年的"创造"教育密切相关,此时的"创造教育"侧重于以实践动手能力为主的操作层面的教育内容,这对当时我国工业的发展有着极大的促进作用。但是随着知识时代的到来,社会经济发展各领域对知识、能力提出新的要求,传统侧重操作层面的"创造教育"已经无法满足社会发展的需要。1999 年下半年"创新教育"概念开始出现,并迅速替代了"创造教育",由此中小学将创新教育作为一种素质教育来推广。如果将研究视域放在高校,则需要着重考虑基于大学专业教育的背景,创新教育的方向应该是立足专业基础,充分分析受教育者的心智,结合科学原理、方法、技术引导学生开展思辨、批判、试错等开拓性教育,重点培养学生独立思维能力和解决专业问题的能力。

第二阶段是创业教育阶段。该阶段的主要研究视域聚焦高等教育。大学生创业教育源于 20 世纪 50 年代的美国哈佛商学院,60 年代以美国百森商学院蒂蒙斯教授为代表的学者首次提出"创业教育"概念。创业教育可以理解为在教育与职业分类相结合的基础上衍生和发展起来的一种素质教育类型,它是一种素质与能力的相互结合。人们需要明确的是创业教育的重点应落在"教育",各实施主体应基于教育的内涵要求,深入分析创业规律、创业者能力与素质,然后再按照一定的方式和途径开展针对性教育。

第三阶段是创新创业教育阶段。该阶段的典型标志就是我国在 2010 年和 2015 年相继出台的两个文件。2010 年《教育部关于大力推进高等学校创新创业教育和大学生自主创业工作的意见》文件出台,明确指出"创新创业教育是适应经济社会和国家发展战略需要而产生的一种教学理念和模式"。2015 年国务院出台的《国务院办公厅关于深化高等学校创新创业教育改革的实施意见》是以国务院名义出台的第一份关于创新创业教育的文件,提出要以服务人的全面发展为目标。

在创新创业教育阶段,我国形成以高校自主探索阶段、试点阶段以及推广阶段的三个发展阶段(见表 4.1)。

表 4.1　创新创业的发展阶段

阶段	时间和部门	体现
高校自主探索阶段	1997 年清华大学	经济管理学院在 MBA 中开设创新与创业方向课程
	2002 年《全球创业观察 2002 中国报告》	系统地实证研究了中国的创业活动,总体上提出了需要、激发和引导三方面的问题
试点阶段	2002 年教育部	在清华大学等 9 所试点高校推行"创业教育",鼓励通过不同方式进行实践性探索
	2008 年教育部	在全国范围设立了 100 个人才培养模式创新实验区,其中 32 个实验区是属于创新创业教育类
推广阶段	2010 年《教育部关于大力推进高等学校创新创业教育和大学生自主创业工作的意见》	成立了"教育部高等学校创新创业教育指导委员会"。形成了"四位一体""整体推进"的工作格局
	2019 年《国家级大学生创新创业训练计划管理办法》	积极引导各地各高校深化创新创业教育改革,加强大学生创新创业能力培养全面提高人才培养质量
	2021 年国务院常务会议	"十四五"时期要纵深推进双创,更好贯彻新发展理念的要求。一是坚持创业带动就业。二是营造更优双创发展生态。三是强化创业创新政策激励

三、创新创业教育与专业教育的融合

"创新创业教育"实质是一种教学模式和理念的革命,其真正意图不仅是要教会学生创业,而且是要教会学生具有创新的思维、创业的意识和敢于开创事业的精神。专业教育是根据社会经济发展需要按社会分工而进行的专门化教育,其实质是培养与社会分工相适应的专门性人才,二者相互之间不冲突。专创融合是指遵循教育教学规律,以专业人才培养层次为基准,以适应社会经济发展为出发点,通过对专业课程体系、教材以及培养模式等要素实施改革,以培养具有创新思维、批判精神、创新能力和具有将知识转化为价值能力的专业人才的过程,能够更好地提高人才培养质量。在专创融合下要遵循如下原则:

1. 神形兼备原则

专创融合是内容和形式相互融合的过程,其精髓在于神形兼备。"创新创业教育"需要依托专业教育来实施,专业教育需要创新创业教育的理念来引导。二者在培养学生创新思维、创业能力的目标方面高度一致,在培养过程上以专业知识学习为依托,侧重专业知识的创新应用而非知识的传授,二者在融合的过程中强调在专业知识中融入创新创业思维、创新的意识、创新的习惯和开拓进取的创新创业精神等内容。

2. 主辅清晰原则

专创融合一定是以专业教育为主,创新创业教育为辅的过程,专业教育是创新创业教育的支撑,是高质量创新创业的源泉。创新创业教育根植于专业教育,是对专业教育人才培养质量进一步的丰富和提升。在实施 创融合的过程中,一定要坚持专业教育的主导地位不动摇,在专业教育的过程中深挖专业教育的创新创业元素,凸显创新创业教育理念。

3. 无缝融合原则

无缝融合是指在专业教育过程中通过教学项目、实验实训、第二课堂等形式将专业教育中涉及的创新创业教育的内容有机结合起来,不是在专业人才培养课程体系中生硬地加入创新创业课程模块,而要做到顺应专业教育发展趋势融合创新创业教育。

4. 跨界融合原则

社会对人才的需求已然突破了单一专业的范畴,呈现出"跨界融合"的特征。在推进专创融合过程中要构建"跨界"视角,改变专业教育的专业化单一知识的思维观,引导学生从不同的视角跨界思考,从而达到复合型人才的培养目标。

四、职业规划

职业是人们在参与社会活动时所从事的作为谋生手段的经济行为,是利用已掌握的知识和技能参与社会活动,为社会创造劳动价值和物质精神财富,以此作为生活来源的工作。从社会角度来看,职业是劳动者以一种社会角色参与社会活动,为社会承担一定的义务和责任并获得报酬的行为。从人力资源角度来看,职业是根据社会经济发展需要划分的不同性质、不同类型的劳动岗位。

职业生涯是一个人的职业周期,是以开发人的综合潜能为基础,以岗位发展为标准,以满足自身或家庭的需求为目标的工作经历和内心体验过程。职业规划是一个人对整个职业生涯过程的规划和预期,是一个动态的阶段,它根据个人与社会需求、个人水平、行业发展等条件,不断进行调整和修改,以基本达到职业规划的预期目标为宗旨。

通过在专业课程中融入双创内容,培养大学生的职业精神、树立职业意识、塑造优秀品格和培养敏锐的洞察力、求知欲、好奇欲和创造欲。

第二节　就业市场引领自我定位——文旅公司介绍

随着社会的不断发展,社会竞争不再是简单的市场竞争、行业竞争,更多的是人才竞争。近年来,随着教育改革的深入推进,学生就业问题受到社会各界广泛关注。帮助学生成功就业,实现人生价值,是关乎民生的大事。

就业是学生步入社会的开始,是检验学校教学质量的实践标准。学生在毕业后从事哪方面工作,需要对自己做出精准的定位,让自己感兴趣的专业方向成为自己就业的方向,这样可以做自己喜欢的事情,工作才更有动力和干劲。因此,如何提升学生就业能力和就业质量是教育领域高度重视的话题。要培养学生对就业的了解,知道用人单位的人才需求标准,这样可以在大学阶段提升自己的各方面能力,从而毕业后从容地应对用人单位的职业需求。学生要具备用人单位所需要的良好的职业素养、高尚的道德情操和专业知识水平及能力,具有职业精神,热爱本职工作。这些都是教师在专业课程内容外要培养和提升学生能力的重要方面。

一是通过对文旅公司的介绍。让学生对文旅规划有整体的认知,知道旅游规划都做哪些内容,呈现什么效果,解决什么问题。同时能够给自己确立准确的职业定位,确定自己是否对此方面感兴趣,并是否有打算毕业后从事文旅方面相关工作。对文旅公司的介绍,让大家知道我国主要的文旅公司有哪些,平时自己可以多关注这些公司的设计案例,从而提升自己的设计能力和水平。

二是对就业岗位的讲解。让学生知道用人单位的职位需求,使学生明确毕业后的职业生涯规划和打算,从而找到自身不足,做到合理地规划和树立目标,从而努力提升自己的能力,达到公司的用人标准。

三是课程思政与创新创业教育的融合。融入课程思政,有效提升学生道德素质,促使学生形成正确的价值取向,激发学生事业心和责任感,帮助学生进一步了解当下就业形势和就业政策。思政课与就业创业教育有机融合,能够帮助学生及时了解我国经济、社会、文化发展形势,引导学生将就业创业与国家发展相联系,积极投身社会主义现代化建设。培养创新创业意识、培养大学生的创新创业精神,让大学生努力成为各行各业的高素质人才。

一、我国知名旅游规划设计公司介绍(见表 4.2)

1. 巅峰智业(北京巅峰智业旅游文化创意股份有限公司)

业务主要面向政府。

项目:海南省旅游发展总体规划、江西庐山西海一期岛屿、瑞金市创国家 5A 级旅游景区提升规划

简介:北京巅峰智业旅游文化创意股份有限公司创立于 2001 年,已发展成为旅游规划行业龙头和旅游全产业链创新引领者,提供"规划+运营+营销+投资"四位一体一站式解决方案。公司总部位于北京,并在上海、深圳、成都、西安、长沙、贵阳、南昌、哈尔滨等地设有分公司,2016 年与华侨城集团合资成立了华侨城旅游投资管理有限公司。

2. 绿维创景(北京绿维文旅科技发展有限公司)

业务主要面向政府。

项目:赛汗乌素村、鄯善县蒲昌村改造、思拉堡温泉小镇、淹城春秋乐园。

简介:绿维文旅(集团)专注于旅游产业与特色小镇的开发运营服务,以"创意经典·落地运营"为理念,基于智库优势,在顶层设计引导下,整合投资、开发、建造、运营、人才等产业链板块,经合资、合伙的深度整合,推动全产业链全程联合孵化服务。

北京绿维文旅科技发展有限公司(原"北京绿维创景规划设计院")包括北京绿维文旅城镇规划设计研究院、八大事业部、八大职能部门,以及五个参控股公司,以旅游规划设计为核心,围绕"开发建设、投资融资、运营管理、人才培训、智慧旅游"等,为旅游与特色小镇开发运营,提供全产业链整合咨询服务。

3. 海森文旅(广州海森文旅科技集团)

主要面向以恒大、首旅为代表的上市公司/大型企业集团。

代表性项目:恒大海花岛、青岛海泉湾度假城、香江健康山谷等国内一批顶尖度假旅游项目。

简介:广州海森文旅科技集团创始于 2002 年,从事旅游度假区开发建设运营全产业链服务,业务涵盖旅游度假项目策划规划、设计建造、经营管理,以及水上乐设备研发生产、旅游度假项目投资开发等。是专注于度假旅游项目建设全产业链服务的旅游科技集团企业。

集团子公司有广州海森旅游策划设计有限公司(国家旅游规划设计甲级资质)、广州海山游乐科技股份有限公司(国家高新技术企业)、广州海森度假区管理顾问有限公司、广州海森度假温泉设计建造有限公司,各子公司间实现资源共享、协同运作,为高品位度假精品项目提供"创意策动—项目落地—运营支撑—

品牌营销"四位一体一站式解决方案。

集团始终遵循"帮助客户创造价值,打造快乐的旅游空间"的企业宗旨,秉承"客户至上、质量第一、团结创新、专业高效"的经营理念,倾力打造中国最具文旅特色与人文精神的度假产业平台,引领行业专业创新发展。服务了以恒大地产集团、北京首旅集团、横店集团、中铁集团、港中旅集团、宋城集团为代表的国内一大批顶尖的从事旅游投资的大型企业。

4. 大地风景(大地风景国际旅游集团)

业务主要面向政府。

代表性项目:杭州城市旅游专项规划、阆(làng)中古城 5A 提升规划、海南雨林国际企业度假公园。

简介:大地风景国际旅游集团创始于 1997 年,是包含规划设计、旅游投资、目的地发展、智慧旅游、文旅建设五大业务领域的综合性旅游目的地建设服务机构。大地风景立于旅游及其延伸领域的发展前沿,以国际旅游研究院院士吴必虎教授为首席科学家,以专业、敬业、职业三业精神为核心文化价值,以"为大地保留和创造动人风景"为使命,把握国内外旅游行业发展大势,整合产业上下游最佳战略资源和供应链品牌,根据客户实际需要量身定制系统化解决方案,为社会、为客户、为员工创造并共享非凡价值。大地风景在华北、华东、华南、西南、西北、华中、东北等地区均设有分公司。

5. 奇创(上海奇创旅游集团有限公司)

业务主要面向民营企业。

代表性项目:三亚旅游发展总体规划、长兴太湖图影省级旅游度假区、天津滨海航母主题公园。

简介:上海奇创旅游集团有限公司简称奇创旅游集团。2004 年成立奇创旅游规划设计咨询机构,拥有国家旅游规划甲级资质,是从事旅游策划规划全程咨询的专业服务机构。深耕文旅行业发展十八年,始终坚持"为传奇而创造"的品牌理念,围绕文旅策划规划,景区运营管理,营销运营,IP 产品投资运营,智能科技运营五大核心服务,以"科技＋IP"双引擎为驱动力,不断整合优质资源,构建文旅目的地规投建运销一体化服务模式。至今已累计服务 3 000＋品牌项目,足迹遍及全国,涉及项目类型涵盖文化旅游、湖泊水库、滨海海岛、山地旅游、温泉养生、森林湿地、旅游小城镇、智慧旅游、旅游公共服务体系等。

6. 来也(成都来也旅游发展股份有限公司)

业务主要面向民营企业。

代表性项目:中国绵竹年画村、康大月亮湾山地运动公园。

简介:来也股份是国内最早从事旅游策划规划设计业务的企业之一,拥有国家旅游规划甲级资质。2015年加入亚太旅游协会,成为其在中国接收的首家旅游业全产业链平台服务上市公司。公司秉承"法自然之灵韵,化平淡为神奇"的服务理念,集"产、学、研"一体,在国内率先提出独具前沿的全域旅游、旅游功能区、国家生态文化旅游融合实验区、国家旅游休闲区、旅游目的地体系等规划理论,并得到国务院、国家旅游局认可。已编制1项国家精准扶贫战略思想诞生地规划,4项国家重大项目规划,4个伟人故里8项规划,20余项世界遗产地规划,30余项5A级旅游景区创建提升规划,40余项旅游度假区规划,50余项全域旅游相关规划,1 000余项精品策划、规划,项目遍布全国各地。

7. 山合水易(北京山合水易规划设计院有限公司)

业务主要面向民营企业。

代表性项目:北京蓝调庄园、福建龙岩洋畲村。

简介:山合水易为合易智业机构旗下乡村旅游农业休闲化项目规划设计服务机构,成立于2005年,是国内首家专业从事乡村旅游与休闲农业规划设计的规划设计单位,为乡村旅游与休闲农业创意服务的实践派倡导者,目前已成为中国最具影响力的规划设计机构之一。多年来足迹已遍布全国,取得了丰硕的成果。机构以"根植大地·师法自然"为智慧源泉,主营业务涵盖创意策划、规划设计、建筑设计及景观设计等领域,在休闲农业、乡村旅游、生态旅游、养老养生、文化旅游、郊野营地等休闲领域拥有一流的专业团队,形成了完善的产品包体系。

8. 华汉旅(北京华汉旅规划设计研究院有限公司)

业务主要面向政府。

代表性项目:金昌市"紫金花城 神秘骊轩"大景区建设规划、贵州铜仁五彩桃源生态旅游综合体、甘肃金塔沙漠森林公园。

简介:北京华汉旅规划设计研究院是旅游规划设计甲级资质单位,中国旅游界著名的王洪滨教授于2001年创立。自成立至今,秉承"精准定位·创意落地"的规划理念,旅游发展的定位研究及游憩方式的创新设计为核心竞争力,以旅游吸引力的精准打造及泛旅游产业的整合发展为价值追求,已完成800余个策划、规划、设计等咨询项目,其中包括50余个国家5A级景区、国家级风景名胜区等国家级项目,200余个省、市、县及跨区域旅游发展规划项目,20余个世界自然遗产、世界文化遗产项目,以及上百个具有较高影响力的山地峡谷、古镇古村、旅游综合体、度假区、乡村旅游项目。汇聚一批在旅游界具有较强影响力的专家顾问,形成了一支多专业协作、充满朝气和创造力的学习型技术团队,建立了成熟的三级质量控制体系和立体的数据知识库,从而构建了在旅游休闲、规划设计领域强大的咨询服务能力。

华汉旅将创造客户价值、确保客户满意作为自己的生命线,秉承"精准定位创意落地"的规划理念,进一步发扬"尊重自由创新共享"的企业精神,为促进中国旅游事业的发展贡献力量,努力成为中国最受信任的旅游规划设计机构。

表 4.2　文旅公司简介

序号	文旅公司名称	企业 LOGO	特点
1	北京巅峰智业旅游文化创意股份有限公司	巅峰智业 DAVOST INTELLIGENCE	旅游创意咨询业的黄埔军校
2	北京绿维文旅科技发展有限公司	绿维文旅 New Dimension	引领学界
3	广州海森文旅科技集团	温泉旅游开发设计/建造/管理 海森旅游规划设计研究院 HAISEN海森	以项目落地著称
4	大地风景国际旅游集团	BES 大地风景文旅集团 BES Culture and Tourism Group	为大地保留和创造动人风景
5	上海奇创旅游集团有限公司	KCHANCE 奇创	著名市场派
6	成都来也旅游发展股份有限公司	来也股份 VENI CORP.	新三板上市
7	北京山合水易规划设计院有限公司	SHSEC 山合水易	专注乡村旅游与农业休闲
8	北京华汉旅规划设计研究院有限公司	北京华汉旅规划设计研究院 Beijing Harmony Academy of Planning & Design	经典传奇 你我共创

二、以绿维文旅为范例的解析

作为人们进行旅游活动的主要场所,景区无疑是聚集人气的核心载体,引发消费的重要平台,是一个区域旅游发展的基础和前提。因此,区域旅游的综合开发与发展,必须依托景区跨越式发展的大战略。如何开发景区,如何提升景区,如何创建 4A、5A 级景区,是旅游业界聚焦的大主题。绿维创景从景区基础研究、景区开发与提升、景区策划规划设计、景区创 A 升 A 等方面,对这场革命进行一些总结与分析。

绿维文旅董事长林峰视点:面向未来的景区开发与提升,关键还是游客体验模式的设计。第一,要找魂,通过文化梳理,寻找出唯一性的主题,进行主题整合与游憩方式设计,形成吸引核心。第二,要把文化转化为现实的体验。第三,要进行游憩方式的深度设计,实现景区游憩体验的完美整合。第四,要结合收入模式,形成景区游客消费的体验化与景区收入的效益优化。第五,要充分依托移动互联技术,实现景区高度智慧化、社交化。

(一)景区基础研究

旅游景区是旅游产业的基石,其内涵与外延,在中国旅游的实践中不断扩大着。一切以泛旅游资源为依托,通过相应的旅游设施及旅游服务,满足游客观光、休闲、体验、娱乐、游乐、养生、度假、运动、探奇探险、培训、教育等多种需求的场所和项目,都可以称为是旅游景区。我国都有一些什么类型的景区? 他们的发展现状如何? 未来又面临着什么样的发展趋势?

1.六大景区发展现状

(1)数量不断上升。

(2)项目投资明显增加。

(3)类型上更加多样。

(4)地位不断提升。

(5)经济总量不断扩大。

(6)管理日益规范。

2.四大景区发展趋势

(1)以景区为平台实现休闲综合开发。

(2)以保护为前提。

(3)实现精细化开发及服务。

(4)实现智慧升级。

(二)景区开发与提升

针对市场需求的不断升级,新景区面临着如何开发,已有景区面临着如何升级的问题。无论是开发还是升级,都需要准确把握市场的特征及趋势。如何实现高水平的景区开发? 如何有针对性地解决景区存在的问题? 这也许是每一个景区终生都会面临的任务。

1.景区开发的"三阶段五期"

三阶段:开工准备阶段—工程建设阶段—开业运作阶段。

五期:投资决策与合同签订期—管理架构与运作策划期—开工准备与政府

审批期—资金运作与工程建设期—开业准备与运作期。

2.景区开发的八大理念

(1)产业联动寻发展。

(2)市场细分做支持。

(3)游憩设计引游客。

(4)独创奇异成卖点。

(5)情景体验创产品。

(6)整合营销显价值。

(7)优化管理提升效率。

(8)多元融资推建设。

3.景区提升的步骤

(1)资源再认识。

(2)市场再认识。

(3)景区问题识别与诊断。

(4)提升思路与方向确定。

4.景区提升的九大手段

主题提升——→空间结构提升——→项目引爆提升

　　　　　　　　　　　　　　　　　↓

交通提升←——游线设计提升←——游憩方式提升

↓

景观提升——→管理提升——→服务提升

(三)景区创 A 升 A

在当前形势下,旅游景区 A 级评定是国内衡量各景区软硬件发展水平的最权威标准,是旅游景区综合实力的品牌标志,是景区旅游环境和发展质量的整体提升。标准不是完美的,达标也不是最终目标。景区要想实现真正意义的"脱胎换骨",就不能囿于标准本身,跳出标准做规划,超越标准做创建,创 A 才能实至名归(如图 4.1)。

景区策划是景区开发的前提,为景区的开发确定方向与思路;景区规划是对空间的有效利用,为景区确定合理的发展架构;景区设计是景区开发的重要内容,使得景区资源更加形象、生动地呈现在游客面前。

1.景区策划体系

资源评价与挖掘—市场调研—定位与战略—游憩方式设计—要素配置与布局—商业模式设计—开发运作计划制订。

图 4.1　绿维文旅 A 级创建提升要求

2.景区规划体系

(1)总体规划:1个目标,2个基础分析,3大规划板块,2个支持系统。

(2)控制性详细规划:七大控制体系。

(3)修建性详细规划:七图一书

3.景区景观设计"六化"

(1)景观主题化。

(2)景观动感化。

(3)景观本土化。

(4)景观游乐化。

(5)景观生态化。

(6)景观情景化。

第三节　实践项目驱动能力培养

我国农耕文明源远流长、博大精深,承载着中华文明生生不息的基因密码,彰显着中华民族的思想智慧和精神追求。在实践案例选择上,以乡村振兴战略为主线,立足黑龙江省的农业根基,加快农业强国,推进农业强国,探索乡村建设,从优秀农耕文化中汲取乡村振兴的精神力量。以下设计案例以农业园区为核心的设计案例。

【案例一】"康养＋"为主题的农业园区景观设计——依托北大荒集团的闫家岗农场

该主题是依托教师的课题项目,融入双创理念,指导学生参加黑龙江省大学生创新创业训练计划项目。该成果顺利结项,并指导学生发表省级论文2篇(图4.2)。

一、场地现状

基地位于哈尔滨市道里区,北接开拓路,东靠荷花路,南靠北大荒生态垂钓

图 4.2　大学生创新创业训练计划项目结项证书

园,西靠农苑路和太平湖风景区。现有农业资源基础良好,水资源丰富,植被资源较好(如图 4.3)已建成运营的北大荒温泉度假小镇和太平湖风景区提供了重要的度假资源。

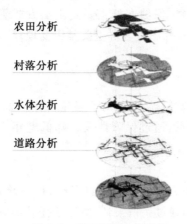

农田分析

村落分析

水体分析

道路分析

图 4.3　现有资源叠图分析

二、设计主题定位

康养主题,体现康(康复、健康)、养(养生、养心、养神)两大特色,英文为"Heal",即疗愈和康复,对应英文首字母"H·E·A·L",基于主要养生方式,如美食养生、茶道养生、饮酒养生、医药养生、运动养生、情志养生等方面的康养理念下,凝练和延伸为:H—Health(身心治愈、疗愈)、E—Emotion(解忧释压、情感释放)、A—Activity(活力提升)、L—Landscape(农业景观)的四大康养农业的景观功能作用。营造"康于身体、富于精神、生有所养、老有所乐"的疗愈预防、治疗、康复、养生为一体的农业景观(如图 4.4),期唤醒农业园区的绿地景观活力,康养城市人的身心之道。

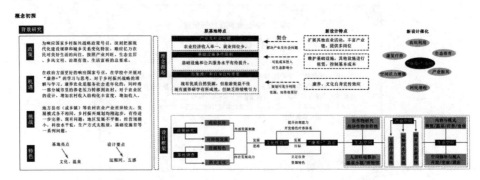

图 4.4　设计概念分析

三、目标客户群（服务人群）

为哈尔滨本地的老年人和注重养生的群体。将目标客户群体分为银发养老客群（老年人群）、亚健康的养生保健客群（中青年人群）、医疗康复客群（疾病人群），促进他们的身心健康。银发养老客群主要是延年益寿、强身健体、修身养性、养生度假。亚健康的养生保健客群主要是生活方式管理、舒缓解压、心灵疗法、运动健身、养生度假。医疗康复客群主要是康复理疗、修复保健。

四、设计原则

1.安全性原则

安全是任何设计的重要前提，尤其对于老年群体来说，使用的安全性尤为重要。考虑老年人的生理特点，通过保障性设计降低老年人在户外活动中发生意外事故的概率。

2.情感性原则

老年人情感更脆弱，更喜欢回忆过去，感慨自己一路走来的辛酸，在设计中融入更多情感共鸣性内容，通过亲情关怀、情感依托等形成积极的心理健康。

3.体验性原则

通过体验农业生产过程，参与其中，种植花卉、稻田、果蔬栽培等农事活动，锻炼身体，增加融入性。

4.适老化原则

考虑老年人的真实需求，满足老年人的身体特征，无障碍设计、导向性设计、适老化设计等，为老年人提供使用的便捷性。

五、分区设计

园区划分为 6 个分区（如图 4.5），包含入口广场、观光农业场地（含有经济种植温室、日光温室、观光农业园的活动场所）、阎家岗农田场地（含有阎家岗博物馆和金源农田的活动场所）、生态林业场地（含有林下花海、岭上林园、与仁草坪广场、生态林业园和自由草坪的活动场所）、温泉疗养场地（主要以康养－温泉酒店为主）、现代农田场地（现代温室的种植生产）。

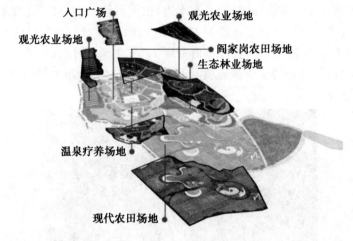

图 4.5 分区图

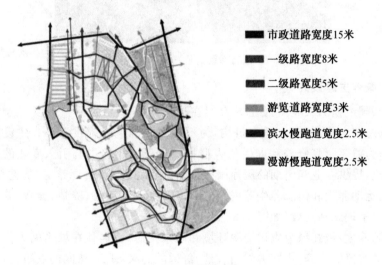

图 4.6 道路系统

六、道路设计

道路采用曲线与直线相结合的形式，贯穿各区域形成一个完整有机体，实行无污染的电动车、公共自行车的低碳交通方式，并考虑无障碍的道路设计。道路设计打造"慢行·漫步"体系，在慢走、慢跑道中感受浪漫的田园风光，体验漫步的愉悦和惬意。按照道路宽度设计为一级道路宽度 8 米，连接各功能区。二级道路宽度 5 米，分布在中心活动区和生态农业区。游览道路宽度 3 米，分布在农田、花海和林园间。慢跑道宽度 2.5 米,分布在滨水区和生态农业区(如图 4.6)。按照不同的游览方式,设计非机动车道(电瓶车和自行车)、步行道(慢跑、散步)和水上游道(游船和桥体)。

慢行道路体系分布在田间、林下和水边,依据身体条件,进行适度锻炼,步行速度为 3~5 千米/时,自行车速度为 10~15 千米/时。自行车骑行道宽度为 2~4 米,采用蓝色沥青铺装,慢跑、慢步道宽度 1.5~3 米,采用红色沥青铺装(如图 4.7)。贯穿农田、林地的健康步道坡度不大于 5%,材质选用木材、鹅卵石等生态材料,体现趣味性。

图 4.7　慢行系统的道路颜色和沥青铺装

七、康养主题设计

"康养"主题的农业园区让老人们在这里乐享田园生活。可以周末休闲旅游,可以短期入住,可引入适老机构,为不同需求的老人提供服务。建设康复养生中心,为需要康复修养和养生的人群提供场所。康养中心引入专业的医疗团队和设施,提供专业和定期的医疗服务。借助资源养生、美食养生、茶道养生、饮酒养生、运动养生和情志养生等内容方面,实现养身、养心、养情、养智、养德五位一体的养生理念和功效(如图 4.8~4.15)。

资源养生:依托绿色农田资源环境和温泉资源,让居住在城市的人们感受远离城市的喧嚣的宁静,广阔的农田林地、舒适的温泉 SPA、热闹的农事劳作,达到寄情田园的效果。

美食养生(食疗):"民以食为天",在满足温饱、衣食无忧的基础上,体现中华传统文化的"仓廪实而知礼节"。以"绿色农业、健康食材"为特色,利用新鲜食材,有机农副产品,让"吃得健康"成为口号,"让食物成为药物",研发养生菜品,打造集养生药膳、素斋、绿色餐饮、养生茶汤、地方特色养生膳食、养生保健食品等多种食疗养生产品于一体的美食养老产业体系。定期举行以美食为主题的节日活动,享受美食、分享烹饪经验和食疗效果。

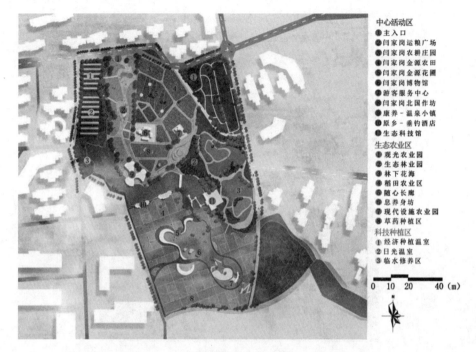

中心活动区
❶ 主入口
❷ 闫家岗运粮广场
❸ 闫家岗农耕庄园
❹ 闫家岗金源农田
❺ 闫家岗金源花圃
❻ 闫家岗博物馆
❼ 游客服务中心
❽ 闫家岗北国作坊
❾ 康养-温泉小镇
❿ 原乡-垂钓酒店
⓫ 生态科技馆

生态农业区
❶ 观光农业园
❷ 生态林业园
❸ 林下花海
❹ 稻田农业区
❺ 随心长廊
❻ 息养身坊
❼ 现代设施农业园
❽ 草药种植区

科技种植区
① 经济种植温室
② 日光温室
③ 临水修养区

图 4.8　总平面图

图 4.9　鸟瞰图

　　茶道养生（茶疗）：通过讲解、宣传、学习禅茶之道，茶的历史文化等，让爱茶、喝茶的人更有品位，更有内涵。

　　饮酒养生（酒疗）：酒是很多老年人日常生活的佳品，我国酿酒历史源远流长，名酒荟萃，享誉中外。酒在中医理论中可以入药，是中国传统文化中"药食同源"的代表，如黄酒、烧酒、果酒等。作为一种特殊的文化载体，饮酒已成为一种传统。"竹林七贤"各个堪称酒中豪杰，陶潜醉酒悠见南山，李白醉酒诗百篇，"会

图 4.10 大门效果图

图 4.11 民宿效果图

图 4.12 温泉效果图

图 4.13 田间民宿效果图

图 4.14　温室效果图

图 4.15　花海效果图

须一饮三百杯"的豪情。

医药养生(药疗)：我国中医药历经几千年的实践，探索特有的防病健身之法，体现中国人对"疾病"的智慧理解。老子提倡"天人相应，形神合一""清静无为，保养精气"的顺义自然，依照自然规律的道家静态养生。开设中医诊堂、中医理疗中心、中草药种植园、药膳养生会所、中医养生会馆，开展针灸、推拿、按摩等中医理疗项目，融入中医文化气功养生、太极养生等。西医护理康养，以专业医疗护理服务为特色，身体健康检查、健康咨询等。

温泉养生(水疗)：我国温泉资源丰富，早在秦始皇时期就建"骊山汤"来治疮的故事。骊山不断涌动的温泉水一直成为帝家的温泉地。杜牧《过华清宫》让温泉行宫华清宫大负盛名。我国温泉养生历史悠久，利用温泉浴法和饮温泉法来治疗疾病，如风湿性关节炎和皮肤病等。合适的温泉水温可以扩张末梢血管，加快脉搏，降低血压，降低神经系统兴奋性，减轻疼痛，缓解失眠。调节内分泌，促进热量消耗，减肥瘦身。利用太平湖温泉资源，开展养生活动，宣传温泉文化，打造寒地温泉的魅力。

运动养生："动则不衰"是中华民族养生、健身的传统观点。适度开展各类适合老年人强身健体的体育运动项目，如瑜伽、慢跑、太极拳、太极剑、柔力球、老年高尔夫、门球等，以达到养精、练气、调神的目的，维护健康、增强体质、延缓衰老。建设一些室内场馆和室外场地，如游泳馆、健身房、运动场（室内外）等。运动康养除了真正的运动项目外，还可以亲身参与农业生产活动，在专业人员的指导下种植蔬菜，了解它们如何生长，也可以在农园采摘新鲜蔬菜即时烹饪，采摘蔬果加工食用。

　　情志养生（心疗）：情志养生依赖于心态的调节和心灵的舒缓释放，保持心智平和，修身养性。开设康养学院，给老年人营造学习平台，感受重返校园的热情。开设老年书法、古典文学、模特、音乐鉴赏、唱歌、乐器演奏、摄影、绘画、棋牌、舞蹈、摄影等兴趣班，举办读书分享会、歌舞文艺会演、情景剧表演等，陶冶情操，丰富精神享乐。打造老年艺术公社、艺术会展中心、博古斋、读书楼、棋茶室等综合性艺术活动团体和社团协会组织能。与哈尔滨市民课堂结合，外请专家老师前来上课，也可以是退休老人中的志愿者，发挥余热，促进"教学相长"。情志养生同时也开设各类动手实操课程，绘画、插花、压花、制作手工艺品等。开发东北地域文化特色的鱼皮画、粮食画、麦秆画、冰版画、冰陶瓷等。传承传统工艺，制作优美艺术品（见表4.3）。

表 4.3　农田五感自然疗愈

目的	城市的人群越来越缺乏对自然的亲近，依托农业环境资源，用五感疗愈打造具有医疗、保健、休闲的农业康养自然疗愈场所景观环境
针对人群	针对老年群体、亚健康群体和需要康复的愈后恢复群体等
开设内容	开设自然教育课堂和疗愈课程等，实现在自然探索中达到人地和谐，从深度疗愈中释放内心，对话自然，倾听自我
功效	调节自律神经：在绿色的田野和林地环境中散步、静坐等，可以降低交感神经的活性、增加副交感神经的活性，缓减压力反应
	平衡内分泌：日本有研究发现，在室外看风景会比室内运动降低唾液的肾上腺皮质醇，因此在户外的农田林地中看风景，可以达到身体放松，降低唾液和血液中的肾上腺素和肾上腺素皮质醇的含量，从而达到平衡内分泌的作用
	疼痛管理：亲近自然可有效降低疼痛感，减少对止痛的要求。有研究证明，让人们观赏海洋、森林、花卉等视频和图片，能有效减少疼痛和焦虑
	提升正向认知：日本科学家上原岩有智能障碍的青年进行森林疗愈，并取得一定的改善

续表4.3

目的		城市的人群越来越缺乏对自然的亲近,依托农业环境资源,用五感疗愈打造具有医疗、保健、休闲的农业康养自然疗愈场所景观环境
农田康养·疗愈的类型	运动类	漫步、慢跑、骑行、瑜伽、太极等
	劳作类	农事劳作、林下采集、手工制作、插花花艺等
	舒缓类	芳香疗法、森林冥想、打坐、沉思、禅修、绘画等
	认知类	自然观察、林中阅读等
	浴疗类	温泉浴、日光浴等
	饮食类	食疗、药疗、林富产品等
五感疗愈	五感疗法五种感官为:视觉、听觉、味觉、嗅觉和触觉初级感官为:触觉、生命觉、运动觉和平衡觉中级感官为:嗅觉、味觉、视觉、温暖觉和听觉高级感官为:语言觉、思想觉和自我觉	
	视觉(形色观赏)	欣赏一望无际、层次变换的农田景观
	听觉(以音悦耳)	设置"声景",聆听风吹的麦浪的声音、虫鸣鸟叫、蛙声一片
	嗅觉(芳香治疗)	呼吸麦田的芳香,植物芳香,消除疲劳。利用植物挥发物质起到防病、强身、益寿作用
	触觉(以触怡情)	触摸农作物的质感
	味觉(以气养胃)	品尝健康生态农产品

八、植物设计

　　充分考虑老年群体的特殊性与敏感性,科学严谨选择植物种类,营造"色、声、香、味、触"五感植物景观。景观视觉型应用花、果、叶、枝等有较高观赏价值的植物,注重植物的树型、冠形、色相和季相的变化,坚持四季常绿,三季有花的种植效果,春华秋实冬干的色彩变化,用观花、观果、观叶的植物品种丰富老年群体的使用空间营造。体现活力和鲜艳气氛应用暖色调植物,在安静私密环境采绿色、蓝色、白色系冷色调,用以放松和舒缓情绪。如旱柳、鸡爪槭、火炬树、连翘、桑树、菊花、红瑞木等。

　　芳香呼吸型可以利用植物散发的挥发物质安抚情绪、抑制细菌,净化空气。如丁香、玫瑰、茉莉、薄荷等。薄荷能提神醒脑;薰衣草、玫瑰安神。

　　触摸感觉型通过对枝叶触摸感知柔软、针刺、毛绒、光滑等心理感受。应用触摸可以挥发型的植物,如萱草、含羞草等。

　　听觉感触型利用自然的声音营造良好的听觉景观。老年人神经敏感度高,种植树冠浓密,"乔木＋灌木"组合的垂直层次结构,形成隔离、私密的小环境。利用枝叶摆动风吹可以发出音响营造"风吹麦浪""稻香蛙鸣"的效果,如水稻、小麦、荷花、松树、杨树等。

食用药用的味觉型可以采摘品尝,如草莓、葡萄、五彩椒、蔬菜等,以及应用富含糖分、维生素和其他营养成分及药用成分的可食用植物,如芦荟、仙人掌、车前草、紫苏、薄荷、蛇莓、芡实、马齿苋、百合等。在园艺体验过程中愉悦身心。

【案例二】以低碳型"城市农业公园"为主题的农业园区景观设计——依托北大荒现代农业园

在以赛促教的理念下,通过带学生参与项目,让学生在参赛的过程中再学习,再实践,并通过参赛检验自己的学生成果,不是授课教师本人的主观评价,而是第三方评价的有力展现。该设计成果在"美丽中国·全国生态文化精品工程"作品征集暨全国生态环境创意设计成果展荣获一等奖(如图 4.16)。

图 4.16　首届"美丽中国·全国生态文化精品工程"作品征集暨全国生态环境创意设计成果展一等奖

一、研究背景

满足城市市民周末休闲的城市农业公园是现代农业发展的高端形式。城市农业公园不仅要满足市民亲近自然的休闲需求,还要发挥城市公园重要的绿地功能。随着碳达峰、碳中和目标的提出,建设低碳型城市农业公园,利用农作物汇碳和土壤碳汇(土壤中的微生物可以从空气中吸收并储存二氧化碳),改变土地利用方式,大面积植树造林等促进农业固碳,改善城市生态环境,推进人、城市、自然三者之间和谐共处。

二、场地现状

位于黑龙江省哈尔滨市香坊区香福路地段的北大荒现代农业园,占地约66.7万平方米,地势平坦。北至温哥华森林小区,南临公滨路,东至香福路,西临汲家村,是哈尔滨市通往黑龙江省东部腹地的窗口,位于哈尔滨的半小时经济辐射圈,交通便利。目前存在景观结构单一,周边环境较差,部分设施破旧等问题。

北大荒现代农业园距离城区最近,位于哈东板块。大规模新建住宅形成稳定的居住生活社区。有新松·璟荟祥府、温哥华森林、高丽风情小镇、金源幸福小区、会展城上城、汇智五洲城、东鸿艺境、新松·茂樾山、御湖壹号、永泰城、恒大时代广场等。为了居住社区的稳定,提升配套设施,公交线路、轨道交通改善提升。香福路道路宽敞,双向6车道,公交线路便捷,有69路、53路公交车。北大荒现代农业园区作为一个承载大面积农业的空间,更重要的是要满足周边居民的休闲娱乐需求,为居民提供绿色、开敞的公共生态空间。园区内生态酒店、热带植物大温室等现有设施,都成为城市农业公园的地标性特色,定位为城市农业公园主题特色的农业园区。

三、设计主题定位

低碳型城市农业公园为主题定位,构建人与自然生命共同体,构筑农业生态文明,共谋农业绿色发展。坚守农业产业发展和生态环境的两条底线,树立绿色发展理念,转变生产生活方式,努力探索生态优先、绿色发展的高质量发展之路。满足城市公园的娱乐需求和绿色低碳农业的生态功能。

四、目标客户群(服务人群)

主要的目标客户为城市农业公园周边的居民。白天主要是退休老人和小孩为主,晚上以锻炼和感受自然的中青年群体为主。周末、节假日有距离稍远的城市市民来此游玩,一家三口的家庭休闲游人群(图4.17)。

五、设计原则

低碳理念下城市农业公园设计遵循生态优先、低碳、因地制宜的三大原则。

生态优先原则:以生态性作为出发点,与低碳理念相联系,优化种植方式,改变以经济为先导的开发模式,增强科学管理机制,保障农业主题公园内生态系统多样化。

低碳原则:设计时以低碳为主,利用原有的空间、环境,打造多样化的低碳型农业景观,在材料选择、植物树种和绿色建筑等方面体现低碳。

因地制宜原则:根据地区的地形、气候环境等自然因素选择合适的农作物或农业种植类型,根据当地实际情况采用适宜措施,尊重自然、保护自然。

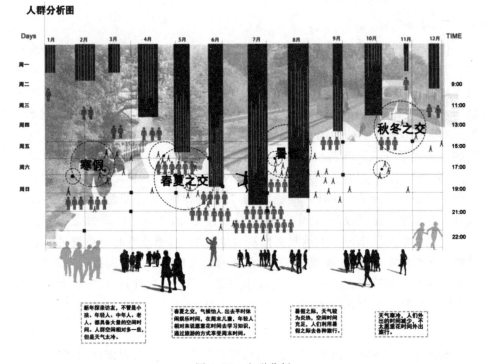

图 4.17　人群分析

六、分区设计

农业观光区:农业观光区以农田和花卉为主形成的景观综合体。以大面积的花卉观赏、林下花径,观赏水稻、鱼、鸭共栖的低碳农业景观,立体式大棚果蔬种植,增加农作生产的同时减少温室气体的排放。

农牧场区:农牧区养殖家禽牲畜,主要有鸡、鸭、鹅、牛、马、羊、鹿等。采用现代养殖技术进行科学养殖。对牧场内家禽牲畜产生的粪便牛群、羊群、鹿群等动物所产生的粪便集中处理,通过除菌、发酵制成天然有机肥料,供农作为生长,发酵产生的沼气还能发电,供园区的生产、生活使用。利用农牧区开发马场进行马术培训,牛、羊挤奶,参与互动,制作奶制品。

滨水游玩区:在园区内开发一人工湖,利用大面积的水体改善生态环境,开发水景互动活动。一是满足园区农业灌溉需求,二是雨季时雨水的收集,雨水资源的循环利用。水边驳岸采用土壤、砂石、水生植物、乔灌草等天然生态驳岸景观形式,水中植物形成沉水、浮水、挺水的模式,净化水体。如种植芦苇、荷花、鸢尾、千屈菜、香蒲等水生植物。

农业体验区:在体验区内进行农业采摘、农事体验活动等,根据季节的不同设计不同类型的农业体验活动,比如春季插秧、夏季共享农田养护、秋季采摘、割稻等。游客可将当日劳动所获得的成果,可以在园区内对农业产品进行加工享用或者带回居住区。通过此方式减少部分农业种植生产器械的使用,让游客体验农耕乐趣,践行低碳活动。

综合服务区:游客服务中心、生态酒店、展览馆等地方在屋顶种植绿化增加可观性,减少能源消耗,并通过改变建筑的造型、通风、采光以及材料的方法来达到冬暖夏凉的目的。

儿童游乐区:通过游戏设施和游玩方式教育儿童相关低碳知识,传达低碳的重要性(如图 4.18)。

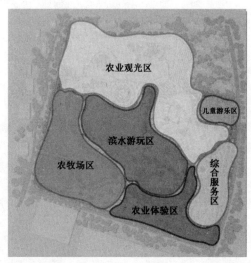

图 4.18　分区图

七、道路设计

道路作为景观中的重要部分贯穿每个区域,所以道路设计上不仅从美学观点出发,还充分考虑园区景观与自然环境之间的协调性。道路设计采用四级的交通等级,一级道路设置为 10 米,二级道路设置为 6~7 米,三级道路设置为 3~4 米,园区小径为 1.5~2 米(如图 4.19)。设置人行道和自行车道,确保可达性。

道路交通方式采用低碳出行,园区内禁止外来车辆进入,禁止汽车通行,使用电瓶车和自行车等低碳的交通工具。

园区采用人车分流形式,主入口设有生态停车场,尽量避免车辆在园区内通行,并减少行车道占用绿地面积。大量种植园林植物分隔划分空间,美化环境,净化空气。立面垂直空间选用常绿与落叶树种的交替搭配,用花灌木做点缀(如图 4.20)。在停车位上层应用冠幅开阔的大乔做上木来遮阴,兼具实用与美观。地面水平空间铺设植草砖,有效进行雨水下渗和生态美化。

道路、场地铺装使用材料的质感、色感等与周边环境连系起来,以求和谐统

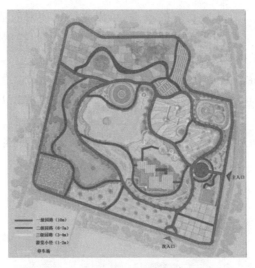

图 4.19　道路设计

图 4.20　生态停车场效果图

一的效果。减少硬质铺装面积,有效减少地表径流和水体流失。铺装材质选择透水砖、木材、透水混凝土、天然草皮、嵌草砖、鹅卵石等渗透能力强的材料,实现雨水循环利用。将透水砖收集的雨水储存利用,喷灌和滴灌有效节约水资源。为了更好地体现自然性,在田间、林下等使用木质栈道形式,增加质朴感,减少对土地的破坏。

八、低碳型城市农业公园主题设计

城市农业公园的娱乐、互动性打造:位于城市中的居民区附近的农业公园,主要服务的对象就是市民和周边居民,要做到以人为本,打造多样、丰富的市民活动空间。

以人为本的互动空间:打造丰富市民文化活动的互动空间,如露天剧场、亲子空间、儿童运动场地、健身运动场地、集散广场、展示空间、表演空间、鱼塘水池等。基于这些丰富多变的活动场地，开展多样的市民活动。

低碳性体育活动：开展诸如跑步、散步、骑行、放风筝、球类（羽毛球、篮球、足球、乒乓球）、轮滑、滑板车、平衡车、旱冰、远足、露营、划船、游泳、涉溪等低碳性体育户外活动。如空地慢跑代替跑步机，每 45 分钟减少 1 千米碳排放。骑车代替开车，可每 5～6 千米减少 1 千克碳排放。

农旅特色文娱活动：浪漫婚庆场地、摄影基地、花海、麦浪的大地艺术、果蔬采摘、水边垂钓、有机农场的农耕体验、小动物喂养、农产品和鲜花售卖集等提供农业特色的文旅活动。同时结合重要节庆活动开展，如端午节踏青、采摘艾蒿，中秋节夜晚仰望浩瀚星空。

特色餐厅："民以食为天"，用地周边居民密集，而北大荒生态酒店曾带给市民独特的用餐体验，将其改造为四季如春般温暖浪漫的创意餐厅，推出创意菜系，有机餐、养生餐、美容餐、减脂餐、学生餐等，全部食材来自农园新鲜、安全，在舒适优美的环境中感受美味佳肴。这里不仅是用餐的地方，更是市民的后花园。

低碳知识科普：通过图片、文字设置低碳知识科普长廊，供人们驻足停留。以低碳农业理论为指导，生产绿色有机的农副产品，供给园内的餐厅和游客，采用种—畜—沼—肥的循环农业方式，实现园区的可持续发展。

现代低碳农业景观：一是免耕农田景观。利用垄作免耕、覆盖免耕等保护性耕作措施减少土壤侵蚀、提高土壤水分有效性与有机质含量，减少温室气体排放量。如运用免耕稻草覆盖技术种蔬菜；推广免耕直播抛秧技术栽培水稻；构建稻、鱼、鸭共栖的低碳农田景观。二是轮作农田景观。作物轮作改善土壤理化和生物学性状，降低土壤有毒、有害物质含量，减轻作物病虫草害。如黑龙江省独特的大豆—玉米的粮豆轮作，减少农药、化肥施用量，提高土壤肥力，降低生产成本，改善土壤环境。三是间混套作的农田景观。间混套作依据生态学的生物间共生互补原理，将不同习性、不同特征的作物配置在一起，形成复合共生的农田（农业）生态系统。延长光合时间，扩大光合面积，充分利用土壤地力和作物间的互利关系。四是立体种植农田景观。立体种植能充分利用光、热、空间等资源，提高单位时间和单位面积生产效率，形成丰富景观层次和生态功能。上层种植豆角、黄瓜，中层种植辣椒、番茄，下层种植西瓜等。农业生产的有机绿色食品，通过生产—销售—供应链条，为千家万户配送新鲜、安全的菜篮子。

水体循环利用的生态景观。将地表水用于循环的生态景观系统中。通过管道收集雨水，经过净化处理后用于园林灌溉、道路喷洒和消防用。池塘湖泊采用软质驳岸，结合水生植物来净化水体，形成水生自然生态系统。构建植被的地表防护系统，有效阻挡地表径流，防治水土流失，滞留淀积过滤泥沙。

规划设计图如图 4.21～4.24 所示。

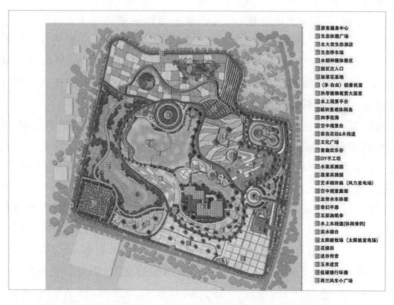

图 4.21　总平面图

图 4.22　鸟瞰图

九、植物设计

以农作物为主,树木、花卉为辅的形式,大面积种植乔灌木和花卉、地被等园林植物,做到春闻花香、夏季赏荷、秋季觅菊、冬看红叶。选择固碳能力强的园林植物,应用"乔灌草"的垂直结构模式,如林—草、林—药的模式,种植杜仲、柴胡等,林下种植蔬菜、药材、牧草等,并养殖家禽,实现林草共生的立体种植格局和人与自然和谐共生的良性循环。同时采用花卉与蔬菜间种的方式进行轮作,不

图 4.23　效果图

仅具有景观价值，还有利于植物生长。园区内的建筑、观景廊架、景观墙等地采用垂直绿化、屋顶绿化等手段，增加绿量的同时丰富种植形式。

营造四季植物景观变化。春季水稻田初种，水池倒映波光粼粼。早春植物争相斗艳，连翘、紫丁香、榆叶梅、桃花、杏树、梨花纷纷开放。柳树新发嫩绿，来此探寻初春万物复苏的生机。夏季以大面积的农田和花海景观为主，以量为美。一望无际的农田，鲜艳的花海美不胜收，是市民纷纷拍照的地方。花海选择植物有万寿菊、蓝花鼠尾草、丛生福禄考（芝樱）、观赏向日葵、波斯菊等。水中有荷花、菱角、芡实等。农作物水稻、玉米、小麦、大豆等。秋季是收获的季节，金色稻田飘香，风吹阵阵麦浪，感受收获的喜悦和忙碌的农业生产。冬季大温室内，各

图 4.24 设施效果图

类室内观赏花卉争先开放,感受冬季的一抹绿色,心情温暖如春。

十、低碳能源系统设计

园区采用新能源、新材料、轻建造、高智慧四大手段,利用可再生能源,减少二氧化碳排放量,并兼具景观功能。

太阳能发电:太阳能作为可再生资源,在建筑、花架、路灯、排水井盖的上面以及农田草地中放置太阳能板,白天储存光能,晚上或阴天转化为电能。园区中设置太阳能充电站,为园区内供电,为电动车提供充电服务。利用光伏电板实现发电和用电的"自给自足"。

风能发电:在园区西南方向农田区放置小型风力发电装置,既能提供清洁能源,又可作为园区内一个独特风车观光景观。

生物能收集:所谓的生物能就是园区内农作物在太阳的光照下进行光合作用后产生的能量,并转变为化学能量的形式保存下来的。比如园区内地下建造沼气池,收集园区垃圾、农作物废料以及动物产生的排泄物等,经过沼气池发酵后,生物能通过沼气形式释放,转换为电能或热能,沼渣可做有机肥料。生态厕所将排泄物冲到地下的肥料池中,经过杀菌处理产出高质量的有机肥料,可供农作物生长。

氢能源概念应用:现在所用到的氢能源都来源于化石资源,这些资源制氢过程中会产生大量的二氧化碳。在园区种植大量庄稼,通过植物的光合作用的过程,利用太阳能分解水得到的氢能,氢能源在使用的过程中生成水释放氧气,通过水再分解出氢,形成一个清洁能源体系循环,从而实现二氧化碳零排放。

【案例三】智慧农业为主题的农业园区景观设计——依托哈尔滨市现代农业示范园

一、研究背景

"智慧农业"主题农业园的建设是在农业科技园基础上而来。黑龙江作为农业大省,对农业科技也同样重视,农业科技园的雏形源于我省农业院校和农业科研院所的农业科技示范角。1988年后,基于三部委联合建设的示范农业科技园区,用以推广农业先进技术、引种优良品种,加快我省现代化农业建设。哈尔滨市现代农业示范区作为哈尔滨市农科院的科研、生产基地,具有良好的构建"智慧农业"的潜力和基础。

二、场地现状

哈尔滨市现代农业示范园农业科技示范园的地理位置位于哈尔滨市松北区,东靠王万铁路,西北依万宝镇,南临万宝大道,交通路线广阔,规划总面积为1.73平方千米。周围有蔬菜批发市场、居住小区、葡萄王国等,市场辐射范围较大,且邻近多所村庄,自然环境优美,被视为建设现代农业科技示范园的典范之一。

哈尔滨现代农业示范园位于松北区,作为哈尔滨的新区,以高新科技产业为特色。周边高新技术企业云集,生物科技公司、产业园区等公司众多,是现代科学技术的研发基地。地理位置靠近绥满高速的公路、靠近王万铁路,提供交通运输的便捷。周围有润恒国际食品交易中心,蔬菜批发市场、肉禽批发等形成直接的产业链。江北可用地域辽阔,为物流仓储的开发提供场地。哈尔滨现代农业示范园规划建设合理,功能分区多,水产、畜牧、粮食、园艺果树等种类齐全。依托哈尔滨市农业科学院的研究基础和科技支持。将其定位为以科技、智慧为主题特色的农业园区。

三、设计主题定位

现代农业科技示范园以市场为导向、以科技为支撑,是引领现代农业发展的重要载体平台,推动农业的产业升级。

四、目标客户群(服务人群)

以智慧农业为主题的农业园主要服务对象,一是对智慧型农业感兴趣的市民,为其提供现代农业的科普学习;二是从事农业领域的相关研究人员、生产人员和农民,为其提供农业知识的学习培训和必要专业技能的提升。三是购买农产品的市民,为其提供生活所需。

五、分区设计

分为运输生态厂库、生态餐厅购物广场、鲜花稻田区、科技温室大棚、农耕种植体验区、动物森林、儿童娱乐区、鱼耕生态技术生态棚、特色民俗、农业展示区、科技农耕稻田区、大棚采摘、水果采摘、渔业养殖娱乐区(如图 4.25)。

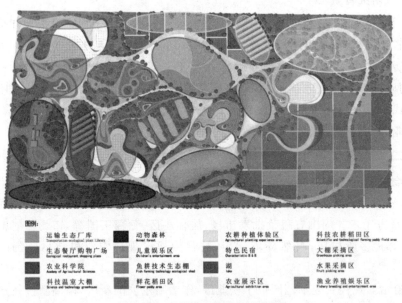

图 4.25　现代农业示范园分区图

六、道路设计

入口位于主干道旁,考虑生产车辆、园内管理和运输车辆的通行,设置物流车辆和游客专用出入口,门前预留入口前广场和集散空间。园内主要采用曲线的道路形式,道路采用四级道路,一级道路为车行道,二级道路为人行道人们可以在园区内进行游览。三级路是园内小径,人们可以欣赏园内景观。道路与道路之间做到互不干扰。一级路也就是园内的主干道为 15 米宽,主干道主要连接园内的入口位置。本方案设计主要用于连接办公楼及物流位置。二级路为园内次干道,8 米宽,连接各功能区,也是农业生产性道路,满足游人游玩和农业生产运输的路线。三级路宽 3～4 米,可供游人和自行车的通行。四级的游步道宽 1.5～3 米,是最末端的道路,供游人漫步(如图 4.26)。

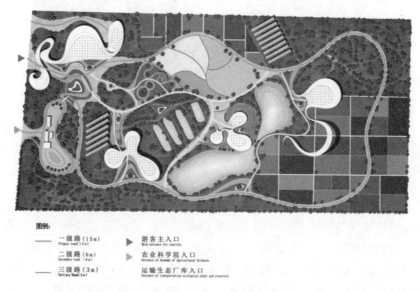

图例:

—— 一级路(15 m)
   Primary road(15 m)

—— 二级路(6 m)
   Secondary road(6 m)

—— 三级路(3 m)
   Tertiary Road(3 m)

▶ 游客主入口
   Main entrance for tourists

▶ 农业科学院入口
   Entrance of Academy of Agricultural Science

▶ 运输生态厂库入口
   Entrance of transportation ecological plant and reservoir

图 4.26 现代农业示范园道路设计图

车行道有机动车和非机动车道路,满足生产性用车、园内观光电瓶车和自行车(单人、双人自行车)的行驶,满足农业生产性需求和游人观赏游览性需求。道路材质车行道路采用细沥青混凝土,慢跑道采用塑胶或 EPDM 地垫,人行小路用木材、卵石或碎木屑等,体现实用、经济和环保。

七、智慧型主题设计

智慧农业园区的设计以"智慧化"为特色,在农业现代化、智慧化的基础上,全方位展现景观视觉的数字化。以农业生产、循环农业、运输物流、技术培训、示范推广、数字化体验为特色,打造都市现代农业示范区、生态农业示范基地、农业物联网示范基地和农产品的加工物流集散中心基地(如图 4.27)。

休闲区包括奇境花园、马场、钓鱼场、星空乐园、滨水广场五部分,奇境花园以向游客展示花卉的不同品种为主。马场的马匹主要来源于畜牧业人工养殖的马匹。钓鱼场工人们进行养殖鱼类的垂钓。星空乐园供儿童玩耍。滨水广场供人们进行休闲娱乐活动。奇境花园展示现代农业繁殖技术培训的新花卉品种。

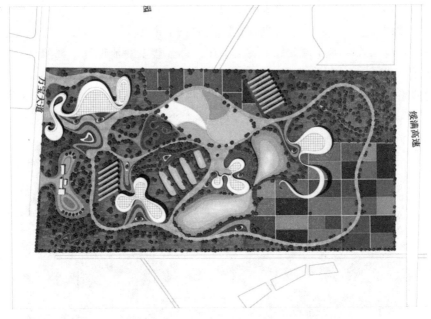

图 4.27　现代农业示范园总平面图

渔业养殖娱乐区是养殖和垂钓滨水娱乐的集合区。采摘区主要分为果林采摘园
与蔬菜采摘园两大区域,人们可以体验农业产品采摘的过程带来的乐趣。

　　物流区:主要负责农产品的加工运输,售卖的过程。以及物流人员的培训。
立足农业生产,大力发展加工业和物流业,果蔬加工、粮食加工、畜禽加工、冷藏
保鲜、包装配送等,打造农产品的加工物流集散中心基地。

　　科研区:主要为办公大楼,对于畜牧、植物、鱼种类新品种的研发地。

　　现代农业示范区:包括珍贵鱼种展示区、温室大棚展示区、五谷稻田区、光伏
大棚、畜牧养殖智能大棚,耕耘树艺区给和稻田画区。让人们领略到现代农业技
术的发达。对果蔬、粮食、畜禽等进行新品种的研发、培育、标准化种植和养殖,
结合加工生产,进行示范和参观。

　　历史文化区:对于农业历史的记录丰富人们对农学的知识储备。

　　智能化的园区开发:科普展示学习,成为向市民普及现代的农业的重要窗
口。承接农业现代化、信息化的各类培训,打造专业的农业前言、栽培技术、学历
提升的培训中心。发展阳台农业,利用无土栽培技术开发有机蔬菜,市民观赏、
学习现代农业生产的过程,引发自己种养的乐趣,购买简单的设施、设备和种苗,
买回家在阳台种植并食用。蔬果种类有生菜、甘蓝、香菜、菠菜、韭菜、蒜苗等各
类叶菜,还有西红柿、黄瓜、草莓、甜椒、茄子等。果蔬配送,以"线上线下＋基地"
的模式,上下单,同城鲜蔬专送、客服以及全程监控等。实现市民菜篮工程从采

摘到餐盘6小时的新鲜品质。智能娱乐,利用多媒体、声光电技术等手段,充分展现动物驯养、耕生产、农家养殖等场景,运用虚拟场景技术设计游客可参与"小苗浇水""小树生长""小鸡孵蛋""小鸭喝水""小猪吃食"等农场情景游戏,让游客从感观体验、娱乐体验、情感体验、教育体验方面获得独特体验。

八、植物设计

植物设计遵循"因地制宜,经济生态,适地适树"的原则,选用乡土树种做骨架,种植具有观赏价值、药用价值、食用价值的园林植物。色彩搭配注重季相变化,形成冷暖变化;与地形结合,应用乔木—灌木—地被的垂直结构营造起伏林冠线,为鸟类栖息和昆虫动物提供场所;水体区域应用水生植物构建水体生态,为游禽提供场所;林地疏密有致,合理种植植物高度、株型形成层次分明、和谐的农林景观,为人们活动提供场所。

应用"宫胁造林法"的潜生植被理论,确定场地潜在植被类型以选择目标群落,再对早期形成绿量的先锋树种与将来形成景观的目标树种按一定比例进行配置,参考"明治神宫林苑"的比例,按先锋树种44%,目标树种56%的比例进行植物配置,能够在较短的时间内恢复当地森林生态系统,建立适应当地气候、稳定的顶级群落类型。

植物配置形式以片植、孤植、列植、对植为主。孤植做园内主景部分,栽种体型较大、寿命较长的常绿乔木等。片植种植观赏花灌木。对植在入口、滨水广场旁,列植用来隔离空间和道路旁绿化。园内果林采用林植方式,种植李子、沙果、山楂、山里红、榛子等。丛植利用乔木、灌木、花卉组合而成,形成城乡一体的绿地景观格局。

【案例四】以"自然研学"为主题的"沉浸式"农业园区景观设计——依托黑龙江国家级现代农业示范区

该项目依托教师科研项目,用科研项目反馈教学的理念,指导学生参加哈尔滨学院的大学生科技创新项目(如图4.27),学生组队,依托设计项目进行相关的科研工作,并顺利结项。

一、研究背景

都市化进程下,快节奏的工作生活让家长没有更多时间培孩子。在繁重的课业压力下,孩子们不仅没有时间去玩,而且还缺乏户外运动,更不用说与大自然亲密接触。在"双减"政策的推行下,学校教育和校外培训机构已开始向素质教育赛道转型。80后、90后的主流家长群体,认同读万卷书和行万里路的重要性,亲子旅游、研学旅游市场发展潜力巨大。作为都市中的农业园区,依托农业

图 4.27　大学生科技创新结项证书

自然环境基础,从儿童娱乐教育的视角出发,大力发展农业亲子游和农业研学游,走进自然,探索自然和学习自然。随着国家对生态文明的重视,大多是基于湿地、森林、自然保护区等开发自然研学教育。在农业基础上开发自然研学教育也正在兴起。

二、场地现状

黑龙江国家级现代农业示范区位于哈尔滨市道外区民主乡,地处哈东板块,占地面积 8 300 亩,是国内连片集中投资建设土地面积总量最大的一个现代农业示范区。现有温室大棚 65 栋,观赏球型温室 1 栋。周边多为农业产业种植和养殖产业为主。

黑龙江国家级现代农业示范区是由哈尔滨市政府和黑龙江省农科院共同开发的国家级示范园区,占地面积大,种植品种奇特优良,现代农业科技领先,具有很好的研学、示范教育功能。园内有鸭子沟的天然水系,周围有天恒山风景旅游区、有白鱼泡湿地公园、滨江湿地风景旅游区等,周边自然风景游览区较多,适合家庭的自驾游出行。因此,基于良好的自然条件、周边的旅游胜地聚集,以及研学、示范展示等先进的农业功能,将其定位为以自然研学为主题的农业园区。

三、设计主题定位

因周边有白鱼泡湿地公园、滨江湿地和天恒山风景区、薰衣草庄园和伏尔加庄园等湿地、农业旅游资源,定位其主题为自然研学主题的农业园区(如图4.28)。在以种植业为主的基础产业中,完善林业和畜牧业,从而为全方位的自然研学教育提供基础。通过"沉浸式"的互动特色,让农业自然环境赋予生命力(如图 4.29)。

四、目标客户群(服务人群)

以自然研学为主题的农业园区,主要服务的是有一定求知欲望的群体,即幼

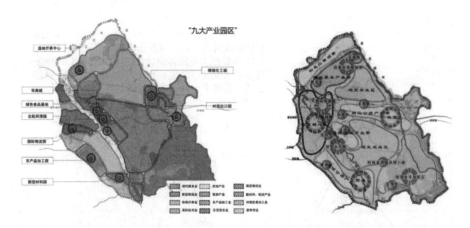

图 4.28 黑龙江省国家级农业示范区板块产业图

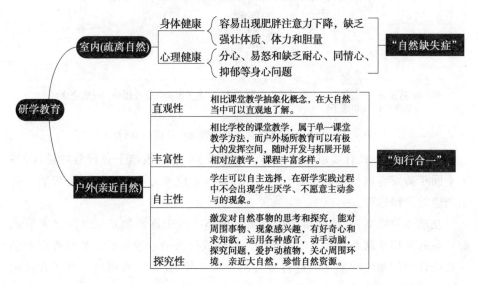

图 4.29 黑龙江省国家级农业示范区主题定位

儿园、小学生、中学生和大学生等。年龄范围为幼年、少年和青年。从《2018 自然教育行业调查报告》中得出,服务人群主要为小学生和亲子家庭居多(如图4.30)。小学生课业压力不重,是开拓知识的主要阶段,而亲子家庭更是家长对孩子素质教育的全面渴望。

五、设计原则

在设计过程当中完全依存自然教育理论精髓,达到"知行合一"的教育目的。

自然性原则:以自然农业园区为基地,遵循自然性原则,利用农田、水域、植被打造自然生态气息的绿色环境,在材料选用中应用乡土材料和自然素材。

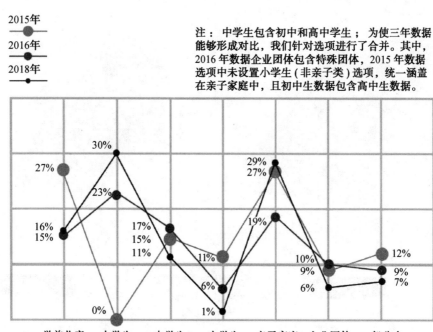

注：中学生包含初中和高中学生；为使三年数据能够形成对比，我们针对选项进行了合并。其中，2016年数据企业团体包含特殊团体，2015年数据选项中未设置小学生(非亲子类)选项，统一涵盖在亲子家庭中，且初中生数据包含高中生数据。

图4.30　自然教育机构服务人群数据统计图(2018年)

适龄性原则：设计要以儿童为本，针对不同年龄阶段孩子进行分龄设计，基于不同年龄发育规律基础上进行合理化设计，完成亲近自然—感知育智慧—自主创造的阶梯过程。

互动体验原则：互动是指于日常交际工作实践中逐渐地发生组织起来形成的一系列的相互联系的社会依赖性行为和形成行为的心理过程。参与者在研学景观设计中的相应功能之间进行必要的一个依赖、互动。从而达到对双方互相影响的策略不可分割。

融合优化原则：研究内容涉猎广泛，在农业的基础上融入旅游业，在自然环境中融入研学教育，在研学教育中包含湿地研学、自然研学和农业研学的交叉融合。通过整合重组设计合理的空间。

六、分区设计

园区设计为了丰富整体布局和人群定位，让更多的体验者感受不同的研学内容和沉浸式体验，融合三大不同研学种类的功能，规划有入口景观展示区、花海展示区、农业科研体验区、农耕种植区、农耕种植科研区、四季大棚采摘区、湿地娱乐体验区、湿地自然科普区、畜禽养殖科普区、植物生态科普区、野外生存实践科普区、文化体验区、森林沉浸娱乐体验区、森林沉浸休闲体验区等14个功能区。把科普研学、自然教育、农业生产等各类功能布局设计成一个完整的游览体系(如图 4.31)。

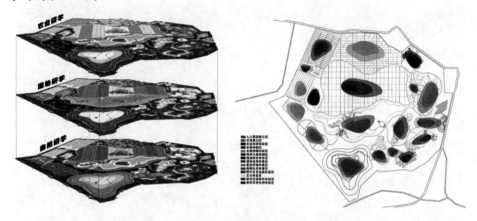

图 4.31　黑龙江省国家级农业示范区分区设计

七、道路设计

道路是景观设计中重要的组成部分,让各大不同的区域连接起来,为了带入更多的体验园区划分了不同的道路等级,人车游览干路 10 米宽、非机动车之路游览路线宽 5 米,次要支路宽 4 米,农耕田地宽 2 米(如图 4.32)。

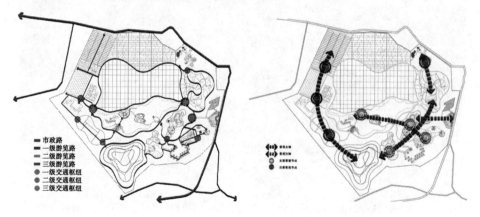

图 4.32　黑龙江省国家级农业示范区道路设计

八、自然研学主题设计

本方案以入口景观展示区开始连接森林沉浸休闲体验区,森林沉浸娱乐体验区、野外生存实践科普区、湿地自然科普区为主要景观节点,以植物生态科普区开始到湿地娱乐体验区、四季大棚体验区、农业科研体验区为次要景观节点(如图 4.33～4.36)。

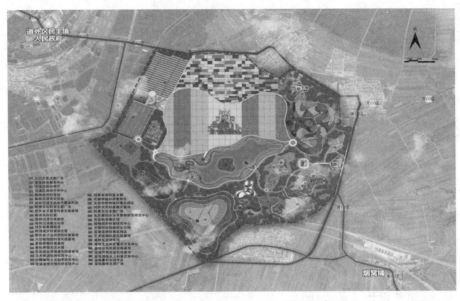

图 4.33　黑龙江省国家级农业示范区总平面图

图 4.34　黑龙江省国家级农业示范区鸟瞰图

　　森林沉浸体验区是给低龄儿童设计的区域,以生态亲子魔法绿乐园为主,小孩子喜欢摸爬滚打闹的动态活动,将各种有趣的小动物、小昆虫等融入其中,追踪萤火虫、蝴蝶、蜜蜂等,设计各类攀爬设施、攀岩墙、攀登绳、树屋窝巢、滑草等,让孩子在游乐运动中挑战自己,探索冒险,锻炼体能。在家长亲子陪伴的过程中,返老还童,追忆过去。

图 4.35　稻田光景台效果图

图 4.36　儿童游乐园效果图

森林沉浸娱乐体验区,为初高中和大学生体验的区域,森林沉浸时代剧场(古装、现代等)、剧本杀妙妙屋,将大学生喜欢的剧本杀用户外场景演艺,CS 野战等户外沉浸体验活动。

野外生存实践科普区,以"森呼吸"为主,呼吸新鲜空间。设置林下吊桥、林地露营、丛林穿越等,学习野外丛林探险技能、露营野炊技能,培养孩子的求生技能,探索精神。通过森林植物、鸟类、昆虫的科普认知和观察,开阔学识见闻,培养热爱自然的意识以及观察世界的能力。

农业科研体验区、农耕种植区、农耕种植科研区、四季大棚采摘区等,通过农耕种植科普实践基地和采摘科普的设计,把课堂搬进田园,通过察看农情,认识农具,辨认种子,翻垦土地,播种小麦等体验活动,让孩子体验农耕的辛苦,明白一粒粮食的获得带来的辛酸不易,从而真正培养出勤俭节约的意识。通过实践活动对广大孩子从小进行一些农业国情基础知识教育,引导每个孩子去进行一些思考、认识。逐步了解粮食种植生产特点和我国粮食产业安全稳定对于民生发展的极端重要性。

畜禽养殖科普区:在牧场区内饲养牲畜家禽,可采用笼养、圈养、水养的方式。孩子们可近距离接触、抚摸、观察,从而热爱动物,善待动物。放牧、饲养、喂食、剪羊毛、挤奶、捡蛋等劳动参与动物的饲养、养殖、生产过程。

　　文化体验区：通过绿色农耕文化、红色抗联文化、龙江四大精神、中华优秀传统文化、诗词文化、非物质遗产文化等多维度的文化融入，达到思政育人入脑、入耳、入心的效果。如农耕文化，凝聚中国传统农业精髓，从工具的演变进化、农业耕作的种植方式、农事生产的顺天应时和节气、农业衍生的民俗文化等内容，都具有很好的流传和继承意义。通过古物件的实物展示、图片展示、视频宣传、动画制作、场景复原、现场演出等多种不同形式进行农业文化的传承。在学习农业历史的过程中了解了国家的发展历史，掌握社会的发展历程，陶冶情操、提升科学素养。如听抗联故事，追寻先烈足迹重走抗联路的实践体验，模拟敌人进村庄的 CS 野战、长征过大草地的拉练、红色文化主题雕塑、主题歌曲和电影的播放，让白山黑水间的东北抗联精神薪火相传，增强学生的爱国情怀、民族凝聚力和社会责任感。如诗词文化的体验，通过传唱《咏鹅》《归田园居》《悯农》《过故人庄》等经典诗句，在农田风光中以景激情，用大自然的变化体验诗词意境，以优美的韵律记住枯燥的诗词，创新教育形式。

　　大面积水域打造水域湿地体验区：儿童本身就喜欢水，跳跃的喷泉、流淌的溪水、镜面的湖水都会给孩子带来不同视觉和使用体验。喷泉的动水可观赏，可在水柱中互动；流淌的溪水可涉溪、踏水；镜面的湖水可观鱼、养鱼、喂鱼、捕鱼、划船等。

　　童乐餐厅和 DIY 教室属于建筑设计和室内活动空间。童乐餐厅为孩子提供针对孩子健康生长的特色菜品，同时这里也可作为全市中小学盒饭的配送基地。不断研发新的菜谱搭配，制作半成品配送到家，制作成品配送到学校，制作精美菜品现场品尝。DIY 教室定期举办各类手作活动，酿果汁、做美食、编制、贴画、剪纸、艺术绘画等，在与端午节、中秋节、春节等重大节气融合，营造有氛围的艺术空间。

　　自然研学型教育活动是依托自然环境场所通过解说学习、五感体验、手工创作、场地实践、拓展游戏等，让孩子更有效地理解学习，从而扩展知识体系。建设农耕博物馆、后稷雕塑、体现农事活动场景的群雕、篆刻文字说明的二十四节气广场、图腾柱、农谚景墙、农具实体装置艺术（水车、磨坊等）等农业文化景观再现。自然研究教育的主要因素是人＋自然环境＋特色活动。要针对不同的年龄群体，设计体验活动，开展研学课程。将这里打造成儿童接触自然的家园，教室之外的学习基地，各类素质教育、体能锻炼的基地，关爱孩子健康发展的中心。研学课程如《化茧成蝶》《寻虫记》《虫鸣解密》《农业的生命》《植物的魅力》等。依据群体年龄特点、心理与生理水平、学习基础与教育需求等开发研学产品（见表4.4）。

表 4.4　农业研学产品

类型	研学主题	研学内容	研学目的	研学人群
科学实践类	科学探索	无土栽培、食用菌生产、植物品种选育、无根植物、彩叶苗木等	增强科研兴趣,培养探索创新能力	中学生、大学生
	科学艺术	民乐艺术、绘画艺术、盆景艺术、插花艺术等	提升艺术修养与审美意识	中小学生
	科技体验	植物科技、农耕科技与现代农业	学习科技知识,体验现代高科技	中小学生
专题教育类	生态环保	白色污染和大气污染的危害、节约用水的重要性、树木绿植对环境的意义、垃圾分类的方法等	热爱大自然,增强环保意识	小学生
	农耕文化	农耕演变历史、农事节庆活动、农具及使用方法等	感受传统农耕文化	中小学生
	自然生物	辨认植物品种、近距离与昆虫、动物接触交流、动物认养等	认识动植物品种,了解植物特点与文化寓意、昆虫、动物习性与生存现状	中小学生
	传统美德	感恩教育、礼仪教育、勤俭节约教育、劳动教育等	遵守传统美德,树立正确的价值观	中小学生
拓展康乐类	军事训练	拉军歌、篝火晚会、叠豆腐块被子、整理内务、洗衣服等	感受军队环境与军事氛围,增强生活自理能力与独立性	中小学生和大学生
		野外生存、急救包扎、国防教育等	强健体魄,磨炼意志,增强抗压力和责任感	
	趣味游戏	农园寻宝、密室逃脱等	学习农业知识,培养团队精神	中小学生
	体育拓展	户外运动、真人 CS、伞翼滑翔、攀岩等	突破极限、挑战自我,学会团结协作	中小学生和大学生
生活体验类	农场劳动	花卉栽培、除草施肥、喂养小动物、搭建花棚、挤牛奶等	体验农场劳动	小学生
	生活技能	做农家饭、搓草绳、缝纫等	学习生活技能,体验农家生活	中小学生
	手工技艺	扎染、沙画、泥塑、竹器、风筝、空气窗帘等	提升动手能力,培养创意思维	中小学生
	职业体验	模拟农庄等	了解不同职业工作内容,规划未来从事的工作	小学生

紧扣农业主题提升研学产品设计,成立专门研学旅行团队。从前期业务洽谈对接、研学课程设计、活动产品开发、安全保障、接待服务等多个方面做充分的准备和提升。培养研学导师,实施校企合作,开展研学志愿者服务。探索研学教育创新,针对不同年龄需求和兴趣爱好,开展不同主题的课程活动,专心设计每一课,实现"游中有学,行中有思"的特色化教育。

九、植物设计

以自然研学的农业园区植物设计体现生态性的自然种植,展现更多的自由与随意。为了达到研学教育功能,植物种类要丰富多样,有更多的可认知种类。低幼儿童区的植物种类不要选择有枝刺、有落果的种类,满足安全和干净的需要。同时植物的色彩应用尽量鲜艳,满足儿童活泼好动、阳光向上的特点。在森林探险区要形成高大的林荫效果,形成大乔木—小乔木—大灌木—小灌木—草坪地被花卉的五层垂直结构,构建种类丰富的植物群落(如图4.37)。

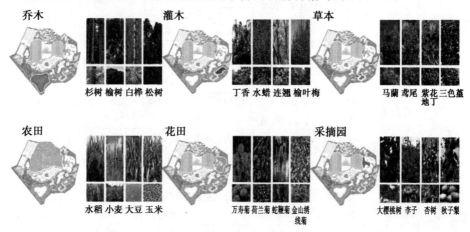

图 4.37 种植设计图

应用"本杰土堆"循环演替原理,即人造灌木丛,为动物提供食物和庇护场所,搭建生态良性循环的植物空间层次。构建的方法是用枯木堆放搭建框架,底部放置枯枝落叶,周边用石块固定,撒落叶,倒入掺有树叶的土壤,堆上种植多刺、蔓生的保护性植物,喷洒 EM 菌。形成植物—虫子—鸟类—其他动物—代谢产物(微生物)的良性循环和演替。

【案例五】天水—麦积玉山蓝湾田园综合体规划

校企合作,产教融合。用企业的设计项目指导学生学习,用市场所需的真实案例项目带领学生学习。企业的设计案例以市场为主导,更加注重项目的可操作性和落地性,在多专业协同合作基础上,形成一套专业的设计案例,具有非常重要的学习价值和意义。用企业的实际项目来指导教学实践环节,实现在校培养与企业对接,与社会需求对接,实现教育链、人才链、创新链和产业链的贯通融合,把企业的工作过程转化为学校的教育过程,资源共享,形成产教的双向转化。

【前言篇】

一、项目综述

项目地位于甘肃省天水市麦积区甘泉镇玉兰村,距 5A 级景区麦积山石窟 13 千米,距离兰州(320 千米)和西安(400 千米)等大城市近,区位条件好,为项目地未来的发展提供了较好的客源基础。项目地具有较好的玉兰种植基础,以玉兰种植产业为基础,依托麦积山石窟的佛教文化底蕴,将项目地打造成以"花十佛"为主题的省级及以上田园综合体,实现一、二、三产融合,产业、文化、旅游三位一体,生产、生态、生活三生同步的发展目标。

二、项目认知

(一)核心问题分析

1.土地增值

如何激活和提升现有开发土地价值。

如何快速提升待开发土地综合价值。

提高租赁流转土地附加值、农旅科技手段使用增加土地价值。

2.政策支持

如何获得上级政府对项目各项政策的有力支持(资金、土地、项目)。

3.投入产出

如何构筑合理的投入产出模式。

如何实现近期远期平衡,缓解资金压力。

4.经营管理

如何构筑一套既科学又符合企业的管理模式。

5.品牌塑造

如何构筑挖掘塑造 IP,通过 IP 赋予打造企业品牌形象。

6.主导产业

通过主产业长远期发展,实现土地增值,增加项目盈利。

(二)核心诉求分析

1.编制田园综合体总体规划,并提供省级及以上田园综合体申报咨询服务。

2.指导项目地长期建设。

3.项目地主导产业打造。

4.构筑合理的盈利模式。

（三）核心目标树立

构筑一、十、百、千、万的目标体系，打造省级及以上田园综合体示范样板。创建一个天水田园综合体，打造十大重点项目，解决数百人就业，创造数千万产值，近期吸引百万游客。

【基础分析篇】

一、规划总则

（一）范围、期限、性质

规划范围：项目地位于天水市麦积区甘泉镇玉兰村，规划面积 3 000 亩（2 平方千米）。四至跨度：东西跨度约 2 467 米；南北跨度约 1 742 米。

规划期限：本次规划期限为 2018 年－2030 年。

规划性质：提出以玉兰、金花葵种植产业为依托的三产融合的发展方向，进一步明确项目地产业发展的战略重点、空间布局、重点发展项目与产品，并立足于市场发展需求制定合理的市场营销战略，明确项目规划实施的支持保障体系，最终促进地方经济的和谐发展。

（二）土地利用现状

规划范围的 3 000 亩中一般农田 2 398 亩，森林保护 163 亩，建设用地 294 亩，水体 145 亩。

（三）基本原则

1. 生态优先原则：生态为本，发展绿色有机产业。注重建设生态产业经济圈，并与当地生态环境结合配置各相关产业。

2. 农民参与原则：坚持农民主体地位，发展当地经济，促进当地就业率，使农民充分参与和受益。

3. 资源特色突出原则：秉承特色突出的设计理念，与旅游相结合，融入当地社会、文化、自然资源等地标性元素，重点突出农林产业文化。

4. 产业聚集原则：通过合理布局和功能划分，打造一、二、三产生态聚集区，理顺产业链，实现产业集群式发展。

5. 品牌形象塑造原则：围绕品牌塑造化建设，进行特色挖掘、科学规划、合理运营、多渠道营销，塑造品牌形象，增强市场影响力。

二、项目背景

"建设生态文明是中华民族永续发展的千年大计，必须树立和践行绿水青山就是金山银山的理念"。主要体现在：

（1）中国共产党第十九次全国代表大会。

（2）乡村振兴：乡村振兴新载体＋新平台。

（3）城乡融合：城乡融合发展的新引擎＋新撬动点。

（4）乡村升级：美丽乡村的升级＋新农村发展方向。

（5）产业激活：产业激活的新动力。

（6）脱贫创富：乡村脱贫创富的新路径。

（7）土地流转：深化农村土地改革的新抓手。

（8）现代农业：加快推进农业现代化的承载体。

（9）管理经营：管理经营＋组织结构＋利益分配的优化。

（10）融合发展：农业＋旅游＋生态＋居游共享的新格局。

三、政策解读

（一）2018 中央一号文件

2018 年中央一号文件持续聚焦乡村振兴问题，指出实施乡村振兴战略，是解决人民日益增长的美好生活需要的必然要求，是解决不平衡不充分的发展之间矛盾的必然要求，是实现"两个一百年"奋斗目标的必然要求，是实现全体人民共同富裕的必然要求。

2018 年中央一号文件首次提出乡村经济要多元化发展；促进小农户和现代农业发展有机衔接；拓展农业生态功能；鼓励工商资本下乡；深化农村土地制度改革；鼓励社会各界投身乡村建设。

（二）田园综合体

1.国家层面

中央政府为田园综合体的建设提供多项扶持政策。

中央一号文件指出，进一步提高农业补贴政策的指向性和精准性，改革财政支农投入机制，深化农村集体产权制度改革，建立并完善农业农村发展用地保障机制。而发展田园综合体的建设是落实上述政策、破解发展痛点的重要创新载体。

《关于深入推进农业供给侧结构性改革加快培育农业农村发展新动能的若干意见》指出支持有条件的乡村建设以农民合作社为主要载体、让农民充分参与和收益。打造集循环农业、创意农业、农事体验于一体的田园综合体，通过农业综合开发、农村综合改革转移支付等渠道开展试点示范。

2.区域层面

甘肃省鼓励发挥乡村特色资源优势，打造田园综合体，促进多产融合。

2017 年甘肃省《关于深入推进农业供给侧结构性改革加快培育农业农村发展新动能的实施意见》提出，充分发挥乡村各类物质与非物质资源富集的独特优势，结合美丽乡村和特色村镇建设以及乡村旅游扶贫工程行动，利用"旅游＋""生态＋"等模式，大力推进农业、林业与旅游、教育、文化、健康养生等产业深度融合。支持有条件的村镇建设以农民合作社为主要载体、让农民充分参与和受益,集循环农业、创意农业、农事体验于一体的田园综合体。

　　(三)大健康产业

　　1.国家层面

　　大健康产业政策形势利好,习近平总书记强调人民身体健康是全面建成小康社会重要内涵。到 2017 年,围绕"健康中国"战略出发的健康产业频获政策利好,大健康产业规模与各细分领域飞速发展,行业经济预测,大健康产业市场规模可达 10 万亿元。多数旅游地产项目开发的最终目标将为宜居、宜业、宜游的旅居目的地。

　　2013 年《关于促进健康服务业发展的若干意见》,明确了大健康领域的服务内涵和发展方向。2014 年围绕健康医疗服务的相关政策相继出台,对大健康的市场探索不断深入。2015 年"健康中国"上升为国家战略。2016 年《中国生态文化发展纲要(2016—2020 年)》,推动与休闲游憩、旅游康养等生态文化相融合的生态文化产业开发。2017 年中央一号文件,支持康养、旅游、养老产业发展。利用"旅游+""生态+"等模式,推进农、林业与旅游、康养等产业深度融合。

　　2.区域层面

　　甘肃省推进健康甘肃建设,开发多样化的休闲康养产品。

　　2015 年甘肃省《关于进一步促进旅游投资和消费的实施意见》提出,推进中医药养生保健旅游发展,发展老年旅游,全面实施陇东南国家中医药养生保健旅游创新区总体规划,开发多层次、多样化的休闲康养产品,推动养老和养生、休闲度假深度融合,着力打造养生养老旅游特色基地。

　　2017 年《甘肃省支持社会力量提供多层次多样化医疗服务实施方案》提出,推进中医药健康旅游示范区建设,发挥中医药健康旅游资源优势,促进中医药养生保健特色服务与新技术开发,打造以中医养生保健服务为核心,融中药材种植、中医医疗服务、中医药健康养老服务为一体的中医药健康旅游示范区。

　　3.地方层面

　　天水市科学规划养生保健旅游发展,确立旅游与养生产业融合发展的新路径。

　　2017 年《陇东南国家中医药养生保健旅游创新区建设总体规划(2014—2020)》,《规划》提出,把握中医药养生保健旅游的市场发展趋势,科学规划天水片区中医药养生保健旅游发展,确立以旅游为核心的中医药养生保健产业融合发展新路径,以景区建设为载体,以文化开发为精髓,以产业融合为目标,以中医养生、生态养生、文化养生为主题,将天水片区打造成陇东南国家中医药养生保健旅游创新示范区,最终建设成为全国知名的中医药养生保健旅游目的地。

四、区位分析

(一)地理区位

项目地位于甘肃省天水市麦积区,陇南的核心地带,麦积区东邻陕西省宝鸡市,南接秦州区、两当县、徽徽县,西濒甘谷县,北连清水县、秦安县,位于甘、陕、川金三角,是甘肃南部的重要门户,具备较强的聚集和辐射能力,有效对接大关中城市群。

(二)交通区位

1. 外部交通

交通通达性强,可与周边城市有效对接,为项目未来发展提供交通支持。

(1)公路:

连霍高速 G30、天北高速 G310、G316 国道。

(2)铁路:

项目地——天水火车站:约 13 千米,约 25 分钟;

项目地——天水南站:约 13 千米,约 25 分钟;

项目地——渭滩站:约 18 千米,约 30 分钟;

项目地——天水杜棠站:约 25 千米,约 40 分钟;

项目地——甘谷站:约 65 千米,约 1.5 小时。

(3)航空:

项目地——天水麦积山机场:约 14 千米,约 30 分钟。

(4)自驾(见表 4.5)

表 4.5　项目地与客源市场距离

城市名称	距离(千米)	自驾时间(时)
天水	20	0.2
定西	220	2
宝鸡	225	2
陇南	240	2
平凉	270	2.4
固原	280	2.4
汉中	350	3.3
兰州	320	3
庆阳	380	3.4
白银	400	3.5
西安	400	3.5
广元	400	3.5

2.内部交通

内部交通不完善,以农民运输道路为主,缺乏系统规划。

项目地紧邻 444 县道,园区内有 6 米市政公路贯穿整个景区。两条农民运输道路,项目地范围内无整体道路肌理,有待规划。

(三)旅游区位

紧邻 5A 级景区麦积山石窟,旅游区位环境好,可依托麦积山石窟共同发展旅游产业。项目地距离 5A 级景区麦积山石窟 13 千米,旅游区位环境优越,未来可充分利用其客源资源。

五、五态分析

将从形态、生态、文态、业态、居态五方面进行,挖掘场地现状优势,找出现状存在问题,提出建议,打造"五态合一·居游共享"的田园综合体。

(一)形态

在保留山体、村庄等原有形态的基础上,对农业种植进行调整,明确主导产业,分区规划,加快项目地的城乡一体化建设。

在规划中结合项目地的地形环境确定一产种植,融合当地文化习俗,将现有资源提升开发转化为经济效益,从形态上将原本不具备产业开发的场地打造成拉动经济、三产共同发展的田园综合体项目。

(二)生态

遵循生态先行的规划原则,丰富项目地生态景观。项目地自然生态资源良好,有梯田、森林、草地、水体等,植被覆盖率高于 95%,自然景观好,生态环境基地保持好,场地土壤肥沃和气候适宜农作物生长。

天水市水资源丰富,可适当引入水资源,活化水体带来的生态效益。甘肃省天水市地处东经 $104°35'\sim106°44'$,北纬 $34°05'\sim35°10'$ 之间,适合玉兰花种植。

(三)文态

以八大核心文化为依托,通过文化产业化、空间化、形态化、演绎化、旅游化等方式的文化兑现,塑造项目地核心文化品牌,打造麦积玉兰湾田园综合体。

(1)石窟文化(佛教):天水为佛教文化传入我国境内的端口丝绸之路东段的"石窟走廊",麦积山石窟是我国四大石窟之一。

(2)堡子文化(堡子):天水是全国用过古堡最多的地区,堡子在西北境内历史上为抵御土匪侵略者的军事防御建筑。

(3)伏羲文化(养生):伏羲是中华民族的始祖,伏羲文化是史前文化的重要组成部分,伏羲文化是中华民族优秀传统文化的源头。

(4)玉兰文化(玉兰):项目地周边甘泉寺有两株玉兰树,历史悠久,生长茂盛,被齐白石赐名"双玉兰堂"。

（5）三国文化（街亭）：天水在历史上为陇右第一重镇，天水境内有街亭、天水关、木门道、诸葛军垒等三国古战场遗址。

（6）先秦文化（演绎）：天水是秦国的发祥地，从这里开始了统一六国的步伐，在秦朝时天水设立了我国最早的县。

（7）大地湾文化（器具）：原始社会新石器时代古村落遗址，是大地湾遗址评定的二十世纪百项重大考古发现之一。

（8）民俗文化（美食）：特色饮食有打卤面、浆水面、清真碎面、面鱼等，民间艺术多姿多彩，雕漆、草编、刺绣、剪纸、皮影、风筝等。

（四）业态

大力发展当地农业种植业，将玉兰种植产业作为发展动力，新增购物、住宿、餐饮、娱乐、配套服务等业态，打造业态丰富、功能齐全的田园综合体。

（五）居态

提升现状建筑，改善项目地房屋水平，建造满足养生发展的配套服务建筑。

建筑结构为西北传统乡村建筑，以带庭院式的单层建筑和二进院子结构为主。建筑风貌以夯土为主。改造民居，保留原有建筑形式，加以生态元素，提升建筑风貌。打造生态养生别院和商住两用的别墅。

六、市场分析

（一）天水市旅游发展现状分析

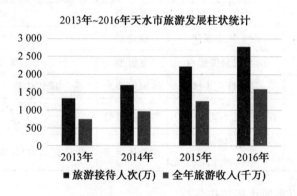

图 4.37　天水旅游发展现状

经以上数据分析，项目地所在的天水市已经形成了良好的旅游市场需求，并且在接待量和旅游收入上处于稳步增长的趋势，对打造项目地的旅游发展与客源市场，形成重要的市场支撑（如图 4.37，4.38）。

（二）天水旅游景点现状分析

天水历史文化悠久，有丰富的旅游资源，已有景点与在建景点大部分为传统的旅游形式、旅游项目，农旅型项目欠开发，为市场洼地，开发价值大（见表 4.6）。

2013年-2016年天水市旅游发展统计

年份	旅游接待人次（万）	同比增长	全年旅游收入（亿）	同比增长
2013	1330.4	28.1%	75.3	29.3%
2014	1703.3	28.4%	96.5	28.2%
2015	2216.5	33.2%	125.7	32.3%
2016	2778.8	33.9%	158.7	32.6%

图 4.38　天水旅游发展统计

表 4.6　天水旅游景点

类型	名称	景区性质	主要功能
5A 级景区	天水麦积山名胜风景区	观光型	人文观光
4A 级景区	伏羲庙	观光型	人文观光
	玉泉观	观光型	人文观光
	南郭寺	观光型	人文观光
	甘谷大象山	观光型	生态观光
	武山水帘洞	观光型	生态观光
	泰安凤山景区	观光型	人文观光
3A 级景区	清水温泉度假村	度假型	温泉度假
特色小镇	甘泉特色小镇	休闲度假型	民俗体验、历史文化
	百花特色小镇（在建）	养老度假型	生态旅游、休闲度假、养生养老、文化交流
规划方案	翠山（颍川—东柯谷片区）	观光休闲型	生态运动、户外体验、主题游乐

（三）天水市客源市场结构分析

1.省外游客占主导，客群呈年轻化趋势，消费能力高，但停留时间短

近年来，甘肃省天水市客源数量上升，外地游客成为国内旅游最大客源市场，其中以陕西、四川、河南、山东、山西等省份游客居多（如图 4.39）。

游客年龄呈年轻化趋势。青壮年游客（25～44 岁）已成为天水市国内游客市场的主体，该年龄段游客群体普遍具有较强的出游意愿与较高的消费能力（如图 4.40）。

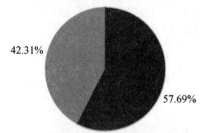

图 4.39　天水市游客构成分析

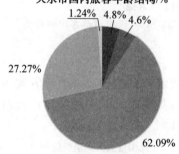

图 4.40　天水市游客年龄结构

2. 自驾游为主导,文化休闲体验游受欢迎

居民收入水平的提高,使得航班出游与以家庭为单位的自驾出游者成为甘肃省天水市主要客群市场,且游客对旅行社依赖程度偏低。天水市 4A 及以上景区中,麦积山、南郭寺和伏羲庙更受广大游客青睐(如图 4.41)。

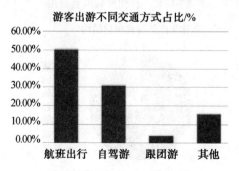

图 4.41　天水市游客出游方式

　　游客出游动机除文化观光外,还以休闲娱乐、放松身心、增进亲情与友谊为主要目的,同时对于增长见闻、丰富阅历也产生较大需求。传统旅游正朝着文化体验旅游方向发展(如图 4.42)。

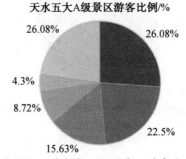

图 4.42　天水市游客出游动机

(四)专项市场分析

1.休闲度假市场

　　休闲度假旅游多以自助或半自助的自驾出行方式为主,依托当地独特的文化、特色餐饮等多方面资源,实现旅游者在目的地停留时间长、重游率高的目的(如图 4.43,4.44,见表 4.7)。

图 4.43　休闲度假消费费用

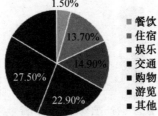

图 4.44　休闲度假消费结构

表 4.7　休闲度假市场特征

序号	市场特征	具体内容
1	消费群体	自驾车群体以消费能力强的青壮年男性年轻白领群体为主
2	出游方式	自助或半自助出行,对旅行社依赖比重偏低
3	出游时间	休闲度假游客在目的一般停留 5 天甚至更长,出行时间多是黄金假期或年休假;重游率高
4	出游消费	消费能力强,游客旅游消费集中在 3 000 元到 8 000 元不等
5	出游偏好	休闲度假游客对住宿、餐饮、娱乐、购物等旅游要素要求较高;对目的地特色文化深度游有着浓厚兴趣

2.乡村旅游市场

乡村旅游发展迅速,开展农家乐、民俗体验等产品,为旅游者提供放松身心、亲近自然的特色旅游活动(如图 4.45,4.46,见表 4.8)。

图 4.45　乡村旅游游客量

图 4.46　乡村旅游收入

表 4.8　乡村旅游度假市场特征

序号	市场特征	具体内容
1	消费群体	客群主要以周边中青年具有消费能力的白领或蓝领阶层为主
2	出游动机	客群出游动机主要是亲近自然、放松身心、增进感情、亲子游、体育健身等
3	出游方式	自驾游成为乡村游的主要出行方式,公共交通出行其次
4	出游消费	乡村旅游主要消费在交通和餐饮方面
5	出游偏好	产品偏好为休闲农业、乡村民宿、民俗体验、特色餐饮等乡村产品

3.康体养老市场

康体养老市场人口基数大,发展趋势好,是未来旅游发展的主要客群之一(如图 4.47,4.58,见表 4.9)。

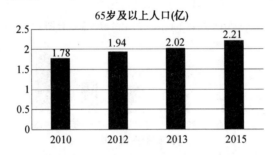

图 4.47　乡村旅游游客量

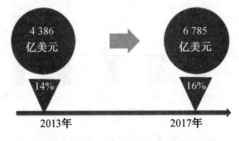

图 4.48　乡村旅游收入

表 4.9　康体养老市场特征

序号	市场特征	具体内容
1	产品类型	产品类型以动态养老、候鸟式养老、康养式养老为主
2	出游方式	超过 65% 的老年人更偏好周边游、慢旅游；结伴出游；老年人在国内游时更愿意选择火车作为交通工具而不是飞机
3	出游时间	老年人旅游时间多为错峰、淡季出游
4	出游消费	价格因素是老年游客考虑较多的因素，老年游客一次国内游的平均花费在 3 200 元左右；景点选择要注意一平、二短、三有车
5	出游偏好	产品偏好是医疗、养生、休闲、娱乐、文化、教育等多方面需求

4. 花卉产业市场

我国花卉产业发展迅速，存在效益不高、结构同质化等问题。

随着经济全球化的逐步深入，花卉生产由高成本的发达国家向低成本的发展中国家进一步转移，特别是在我国经济社会不断发展、花卉需求不断扩大的新形势下，花卉生产面积大幅增长，工业花卉占主导（如图 4.49）。

图 4.49　中国花卉销售额

目前我国花卉种植基地主要分布在东北、东南地区。通过优化区域布局、完善产品结构，将我国花卉业产业从数量扩张型向质量效益型转变，大力发展药用花卉和食用花卉。

5. 市场定位——深耕区域市场（近期）

在普适价值观的影响下市场表现为均质化，不再有目的型市场，只要有好的产品就有好的市场，从而要布局全国市场，深耕区域市场，做精专项市场。

（1）全国市场，机会市场。

（2）区域市场，基础市场，区域市场趋于年轻化，消费能力高。主要定位在西安、兰州、定西市、宝鸡市、陇南市、汉中市、平凉市。

（3）专项市场，核心市场，天水本地市场，以文化体验为主体，让旅游回归自然。以散客自驾游产品为主流，以休闲、生态、养生度假为特色。

【战略定位篇】

一、田园综合体案例解析

（一）我国田园综合体基本概况

1. 我国田园综合体分布（见表 4.10）

表 4.10　田园综合体的名称及分布

序号	田园综合体的名称
1	兰州市榆中县田园综合体
2	宜春高安巴夫洛田园综合体
3	广东珠海斗门岭南大地田园综合体
4	南京市江宁区溪田生态农业园
5	湖南浏阳市浏阳故事·梦画田园
6	浙江安吉田园鲁家村
7	浙江柯桥漓渚镇花香漓渚田园综合体
8	河南洛阳孟津县凤凰山田园综合体
9	河北迁西县花乡果巷田园综合体项目
10	山西临汾市襄汾县田园综合体
11	福建武夷山市五夫镇田园综合体
12	山东临沂市沂南县朱家林田园综合体
13	广西南宁市西乡塘区"美丽南方"田园综合体
14	重庆忠县三峡橘乡田园综合体
15	云南保山市隆阳区田园综合体
16	陕西省铜川市耀州区田园综合体
17	都江堰国家农业综合开发田园综合体

2. 目前全国田园综合体概况（见表 4.11）

3. 田园综合体的申报指南

四项申报材料＋七大立项条件＋八步流程＋高额扶持资金（见表 4.12）。

表 4.11　田园综合体概况列表

项目名称	区位	规模(平方千米)	村庄特色资源	规划定位	规划结构	发展重点	总投资(亿元)
广西南宁市西乡塘区"美丽南方"田园综合体	距离南宁市中心8千米	70	农耕文化	形成集循环农业、创意农业、农事体验于一体的田园综合体	一轴两翼三带八区	以完善农业生产、农业产业、农业经营、乡村生态、公共服务和运行管理"六大体系"为重点,全力推进田园综合体建设	36
重庆忠县三峡橘乡·田园综合体	距离忠县县中心58千米	2.8	柑橘产业	"中国橘城·三峡橘乡·田园梦乡"	—	构建了"从一粒种子到一杯橙汁"的柑橘产业链	10.7
云南保山市一隆阳区田园综合体	距离保山市中心11千米	—	农耕文化	打造集农业观光、休闲娱乐、传统文化展示于一体的生态观光农业园	四带三园一核心	围绕万亩生态观光农业园功能定位,未来将以"果、花、果"为生产核心	41
陕西省铜川市耀州区田园综合体	距离铜川市中心23千米	3.8	果品资源丰富	通过构建农田林网体系,采用多样化的种植模式等措施营造现代田园风光和绿色环境	一带二心二园五区	使项目区实现"田园变花园、园区变景区、农事变乐事"的转变	21.3
都江堰国家农业综合开发田园综合体	距离都江堰市中心14千米	—	自然资源丰富	将田园综合体建设成美丽乡村示范区,都市现代农业示范区,农业农村改革先行区和绿色农业典范区	四园三区一中心	将通过田园综合体建设,进一步优化、补足、完善的一、二、三产业融合发展格局	21
河北迁西县花乡果巷田园综合体项目	距离迁西县中心27千米	7.35	特色水果产业发达	"山水田园、花乡果巷、诗画乡居"	核心产业体系(六大产业)+配套产业体系(三区两中心)+延伸(一镇四区十园)	充分发挥县乡村三级力量,通过建立劳动力聚集的平台,统一品牌打造,统一产品宣传	—

续表4.11

项目名称	区位	规模（平方千米）	村庄特色资源	规划定位	规划结构	发展重点	总投资（亿元）
山西省临汾市襄汾县田园综合体	距离临汾市中心28千米	—	棉麦之乡农业基础夯实	以燕村荷花园为核心，全力打造具有襄汾特色的近郊创意休闲农业田园综合体	一带一园一庄三区	大力发展文创产业，着力打造文化旅游产品品牌	41
福建武夷山市五夫镇田园综合体	距离武夷山市中心60千米	2.82	农业集镇	建成集循环农业、创意农业、农事体验于一体的田园综合体	"农+""文化+""旅游+""生态+"	着力推动农业产业与旅游，教育、文化、康养等产业深度融合	7.2
山东省临沂市沂南县朱家林田园综合体	距离沂南县中心32千米	28.7	农耕文化	以农业综合开发为平台，规划建设五大功能区，重点构建六大支撑体系	二带二园三区	着力打造现代农业、休闲旅游发展的示范基地和美丽乡村建设的供应商	2.1
兰州市榆中县田园综合体	距离兰州市中心35千米	2	瓜果百合	集智慧农业、农事体验、科普教育、生态观光等功能于一体的一二三产高度融合的新农村示范村	1核心园区+3示范带动园区+2辐射园区	云科技模式、循环农业、创意农业实验示范、观赏体验、古镇旅游、水面娱乐	—
宜春高安巴夫洛田园综合体	距离高安市中心25千米	15	美食文化	三产联动并整合原住村民资源的美丽中国江西样板	一谷一园一镇	一期：2017年，完成巴夫洛风情小镇的建设；二期：2018—2020年，实现巴夫洛生态开园	30
广东珠海斗门南门大地田园综合体	距离珠海市中心55千米	11.77	具有岭南特色文化的生态农业园	休闲农业+文化体验+科技科普+创意教育+养生度假+农业产业园田园综合体	休闲农业+文化体验+高科技科普+养生度假+农业产业	第一期花田营地；第二期岭南水街农业庄园；第三期养生度假区	20

续表4.11

项目名称	区位	规模（平方千米）	村庄特色资源	规划定位	规划结构	发展重点	总投资（亿元）
南京市江宁区溪田生态农业园	位于南京城郊，距离南京市62千米	1.1	高度机械化生产特色果园种植，特种水产养殖，规模化中草药种植高档花卉园艺	突出生态农业与休闲旅游、地域文化融合发展的南京南郊现代都市农业园	一轴二园七乡村一社区	"强一产，长二产，精三产"原则，以田园农村建设筑牢农业产业发展的底子，深入发展"农业＋N"多元化产业链	6.21
浏阳市浏阳故事梦画田园	位于浏阳高新区，距离浏阳市中心42千米	—	农耕文化	以"乡贤引领集体经济发展"为特色的田园综合体	一带两区	一年打基础，两年出效益，三年树品牌	3.77
浙江安吉田园鲁家村	地处吉城城郊，距离安吉县中心11千米	55.78	传统手工艺特色	开门就是花园，全村都是景区"的中国美丽乡村新样板	"1+3"格局（一个核心十三个行政区）	以鲁家村为核心，辐射、带动周边3个行政村，构筑"1+3"格局	4.5
浙江柯桥棠棣镇花香棠棣	距离绍兴市中心18千米	—	花木产业	"花木集群看棠棣""全域美丽看棠棣"打造成全国田园综合体建设的浙江样本	—	"花看棠棣""高端兰花看棠棣"未来三年建设目标：继续推进快土地流转进度、抓紧推进花市提档升级，积极引进农文旅类项目	—
河南洛阳孟津县田园综合体	距离洛阳市38千米	2	休闲农业	集现代农业、休闲旅游、田园度假、农副产品开发和加工于一体，多纬度立体融合发展	—	满足和服务城乡居民及市农游的新生活需求，为本市农民创造更多的财富来源渠道	0.25

表 4.12 申报简表

申报项目	具体内容
申报时间	国家级田园综合体申报时间为每年6月底之前
申报材料	一年实施方案＋三年发展规划＋汇报PPT＋视频
申报部门	财政部农业司（国务院农村综改办）、国家农发办
申报流程	总体规划、市省初选、报农发办、实地评估、竞争答辩、项目公示、项目评议、批复立项
立项条件	功能定位明确、基础条件较优、生态环境友好、政策措施有力、投融资机制明确、带动作用显著、运行管理顺畅
扶持资金	国家级田园综合体最高可获得2亿左右资金扶持。每年扶持6 000～8 000万，连续三年，其中20%～30%归政府用于基础设施建设，70%～80%归龙头企业

（二）我国田园综合体案例分析

【案例1】河北迁西花香果巷田园综合体

"三生同步""三产融合""三位一体"目标的实践，花果产业发展的示范引领

位于河北省唐山市迁西县，规模7.35万亩，总投资172 138万元，为国家级田园综合体，共获得财政资金2.1亿，其中，中央财政资金1.5亿、省财政配套资金4 800万元、县级财政配套资金1 200万元，带动社会资本10亿元。其规划定位为山水田园，花乡果巷，诗画乡居（如图4.50）。

图 4.50 河北迁西花香果巷田园综合体效果图

河北迁西花香果巷田园综合体是以特色水杂果产业为基础、以油用牡丹、猕猴桃、小杂粮产业为特色、以生态为依托、以旅游为引擎、以文化为支撑、以富民为根本、以创新为理念、以市场为导向的特色鲜明、宜居宜业、惠及各方的国家级田园综合体；是"三生同步""三产融合""三位一体""循环农业、创意农业、农事体验"蓬勃发展的代表。

【案例2】浙江柯桥漓渚镇花香漓渚田园综合体

花卉苗木产业全产业链开发，实现了三产融合，三方受益。

位于浙江省绍兴市柯桥区漓渚镇，核心区为漓渚镇棠棣村、棠一村、棠二村、六峰村、红星村和九板桥村等6个行政村，总面积16.7平方千米，是国家级田园综合体（如图4.51）。

图4.51　浙江柯桥漓渚镇花香漓渚田园综合体

以高端花木农业为主导产业，集循环农业、创意农业、农事体验于一体的田园综合体，打响"花木集群看漓渚""高端兰花看漓渚""全域美丽看漓渚"三张金名片。以现状资源、文化为依托，在产业支撑、多元投入、主体培育、土地利用、基层治理、公共服务等6个方面开展积极探索，建设"农业主导产业培育、兰花综合交易集散、农业科技支撑、农业新型主体培育、村集体经济发展壮大"等10个方面的试点内容。

【案例借鉴】

当地九成以上的农民都在从事花卉产业，人均年收入超过5万元。已形成系统完善的农业合作社和龙头企业带动体系，实现了花卉产业全产业链开发，农民、企业、政府共同受益的局面。

【案例3】日本芝樱公园

以花卉景观为环境特色、以特色节庆为引领、以花田游乐为开发模式，打造以"芝樱"为主题的花卉文化休闲产业链。

位于日本北海道东藻琴村藻琴山，公园面积10公顷，芝樱数目达120万枚。紫、白、红、粉红、淡粉、雪青6种花色同时开放，花期长达3个月，吸引日本民众和各方游客扎堆前往观赏。

特色开发模式：

1.大地景观艺术

依山就势,营造高低错落的芝樱山地景观;结合地形特点,设计特色人车景观道路;利用不同花色的芝樱种植,拼出独特"小牛"大地艺术景观,形成景区著名地标之一。

2.主题节事活动

东藻琴芝樱公园摄影比赛;芝樱祭:每年5月—6月,直升机游览行程,舞台表演、YOSAKOI舞蹈大会。

3.特色休闲娱乐

世界唯一的芝樱卡丁赛车场,形成最大吸引力;趣味花田迷宫、迷你小火车、小木屋、露营场、野餐、钓鱼池等适合全家游乐。

【案例4】竹泉村

实现土地增值、农民创收的美好愿景,创建了宜居、宜业、宜游的旅居共享发展模式。

竹泉村地处山东省沂南县北部,是中国北方少见的古式村落(如图4.52)。是以生态观光、休闲度假、商务会议为核心,集观光、休闲、住宿、餐饮、会议、度假、娱乐于一体的综合性旅游度假区,也是山东省第一个系统开发的古村落度假区。

图4.52 竹泉村建筑

竹泉村以被誉为"竹泉模式"的旅游区开发建设模式,将原有的古村变为"一古一新"两个竹泉村:古村保留原有风貌,成为旅游度假区;新村按照社会主义新农村的标准建设安置村民,村民发挥专长,围绕"古村"做起旅游生意。两村和谐发展、安居乐业、双利双赢。

【案例借鉴】

学习"竹泉模式"的旅游区开发建设模式,保留原有古村落的形态,建立旅游度假区,将村民安置到既具有传统建筑文化符号又符合现代生活需要的新村,两村和谐发展,双利双赢。

（三）发展模式

1.发展模式构建

三产融合：一产、二产、三产。

三位一体：农业、文化、旅游。

三生同步：生产、生态、生活。

一产：农业种植，（玉兰、金花葵种植产业＋林下中草药）。

二产：玉兰、金花葵加工（玉兰主题食品、药品、工艺品）。

三产：生态养生度假旅游（生态观光、休闲度假、康体养生）。

2.企业发展模式构建

TOLD 模式——近郊旅居型田园综合体。TOLD 开发模式，又称旅游为导向的土地综合发展（Tourism－oriented Land Development，TOLD），是指在一片较大规模的地区范围内，以旅游开发为导向，并结合房地产、户外运动、商务会展及其他更多业态进行规划建设的土地综合发展模式。

二、战略定位

（一）发展战略

城镇、乡村、田园一体化的发展战略。

依托玉兰种植产业，发挥山水优势资源，大力发展旅游业

推进从经营形态、从业主体、农业服务、产业经济等领域的转型升级。

资源挖掘，做足体验，差异发展，围绕主题化特色化的方式打造旅游项目，与周边景区实现借力发展与错位发展。

通过本项目的建设实施，带动人流、资金流、信息流向本地聚集，通过多样化的模式引导周边农民参与到项目建设和发展中来，以产业精准扶贫的方式带动本地农民发展致富。

以农业资源、生态资源、文化为基础，补充旅游配套功能，完善旅游产品体系，推动旅游＋农业、旅游＋康养、旅游＋运动、旅游＋文创、旅游＋佛文化的深度有机融合，坚持生产、生活、生态"三生同步"，一、二、三产融合，农业、文化、旅游三位一体的发展理念。

（二）总体定位

麦积玉兰湾·田园综合体。以麦积山石窟为依托，以项目地梯田、山谷、水体等资源为基础，以玉兰种植产业、佛教文化为主题，通过连接麦积山石窟的景观大道打造、引水入地的地块优化、禅主题的环境营造等方式，将项目地打造成一个集生态观光、科普教育、禅修度假、生态养生、休闲游乐等功能于一体具有陇上花开、水上江南特色的主题型生态休闲田园综合体。

（三）形象定位

"乡伴麦积山·醉美玉兰湾"。

（四）主题定位

生态休闲：玉兰＋水街。

生态养生：禅修＋养生。

（五）功能定位

三产融合、三位一体、三生同步，居游共享。

生态观光、休闲游乐、主题体验、科普教育、禅修度假、生态养生。

（六）目标定位

实施"一、十、百、千、万"的目标体系。

一：创建一个天水田园综合体

十：打造十大重点项目

百：解决数百人就业

千：创造数千万产值

万：近期吸引百万游客

（七）项目意义

以麦积玉兰湾田园综合体为引擎，带动区域经济发展，实现三产融合，居游共享，企业、农民、政府共同发展。

推动玉兰产业发展；拉动区域经济增长；带动当地百姓就业；助力村庄精准扶贫；促进文化价值兑现；打造禅养度假品牌；增加企业经济收益。

【总体规划篇】

一、总体规划

（一）平面规划（如图 4.53）

（二）空间结构

形成一环一带五区的空间结构（如图 4.54）：

一环：玉兰大道。

一带：滨水景观带。

五区：

商业配套区。

入口服务区。

生态体验区。

共享农庄区。

农业种植区。

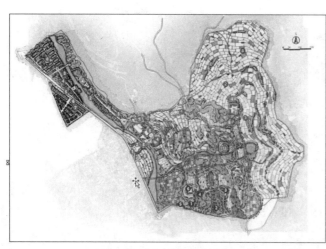

入口服务区
❶ 玉兰广场
❷ 玉兰空门
❸ 连湾桥
❹ 游客服务中心
❺ 生态停车场
❻ 玉兰湾

商业配套区
❶ 花田水街
❷ 船上集市
❸ 问酒巷/酒吧街
❹ 食味巷/美食街
❺ 一念天堂
❻ 花佛工坊
❼ 兰亭苑
❽ 商业配套
❾ 罐罐窑陶瓷工坊

农业种植区
❶ 玉兰梯田
❷ 林下中草药
❸ 金花葵种植区
❹ 兰湾工业园

生态体验区
❶ 玉兰佛海
❷ 麦积景谷
❸ 林下花海
❹ 兰山玻璃观景平台
❺ 澜山餐厅
❻ 二十个院子
❼ 堡子博物馆
❽ 迎旭观云营地
❾ 卷云植物馆
❿ 花泥佛洞
⓫ 南果北种园
⓬ 欢乐谷

共享农庄区
❶ 观自禅院
❷ 颐晖居养生社区
❸ "息"养身坊
❹ 玉兰膳食苑
❺ 随心铺/商店
❻ 玉山寺

图 4.53　平面规划图

图 4.54　规划空间结构图

（三）功能分区

五大功能片区（如图 4.55）：

商业配套区。

入口服务区。

生态体验区。

共享农庄区。

农业种植区。

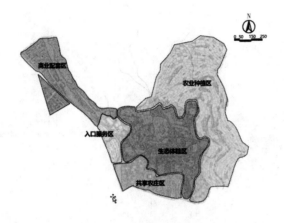

图 4.55　功能分区图

（四）交通规划

整体路网根据空间形态进行规划，一级路形成环形贯穿整个区域，二级道路延伸每个大项目聚集区，各个区域以三级道路通过步行道、木栈道、自行车道等方式进行贯穿连接，保证良好通达性（如图 4.56）。

图 4.56　交通规划图

（五）水系规划

项目地制高点海拔 1 420 米，此处规划蓄水池，与水系最低点高差相差 85 米。蓄水池水引入沟壑内形成景观，沟壑现状整理平整为 3 米宽，沟壑打造呈阶梯状。场地内南北方向水系由沟壑引水至梯田中，依托梯田走势进行规划，使水系贯穿整个景区（如图 4.57）。

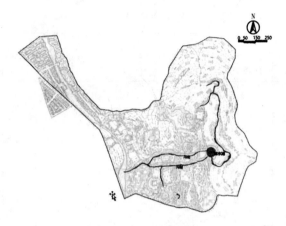

图 4.57　水系规划图

(六)土地利用(见表 4.13)

表 4.13　土地利用表

名称	用地代码			用地名称	用地面积/ha	占总用地比例/%
	大类	中类	小类			
H	R	R2		建设用地 居住用地 二类居住用地 公共管理与公共服务设施用地	15.53	6.33
	A	A1		文化设施用地	0.97	0.40
		A2		生态与安全控制区	10.00	3.33
	M	M1		工业用地	1.22	0.51
	B	B1		商业与服务设施用地 商业用地	11.48	4.76
	S	S1		道路与交通设施用地 道路用地	7.02	2.91
		S2		停车场用地	0.60	0.25

续表4.13

名称	用地代码			用地名称	用地面积/ha	占总用地比例/%
	大类	中类	小类			
H	G	G2		绿地		
				公园绿地	7.23	3.00
				防护绿地	2.41	1
		G3		广场用地	1.42	0.59
				非建设用地		
	E	E1		水域	14.76	6.12
		E2		农林用地	170.65	70.71
总计				总用地	200	100

二、产业体系

着力构建"核心、配套、延伸"三大产业体系,逐步实现一、二、三产融合发展。

(一)核心产业体系

麦积玉兰湾田园综合体以金花葵、玉兰等产业种植、加工作为核心产业,配套种植林下中草药以及佛系花卉植物。

1.金花葵产业产业现状

天水市及周边金花葵产业空缺,天水市自然条件适宜金花葵生长,且市场前景好。

金花葵自然分布在河北地区,目前种植基地主要分布在太行山东部山麓地区、晋中晋南地区,甘肃省仅在张掖市山丹县有种植基地。

金花葵适应性较强,各地均可种植。喜温暖、阳光充足环境,耐寒、耐热、喜湿、耐盐碱,耐40℃高温和−10℃低温。对土壤要求不是很严,在近水边肥沃沙质壤土生长繁茂,开花多。既怕水涝,又不宜栽在过分干旱的地方(如图4.58)。

天水市属温带季风气候,年平均气温11℃,最热月平均气温22.8摄氏度,最冷月平均气温−2℃,年平均降水量491.7毫米,土壤为沙粒、黏土和少量方解石的混合黄土,自然条件适宜金花葵生长。

金花葵具食用、药用、保健等功能(如图4.59)。除观赏绿化环境外,还可作为新品种特菜供应市场,可制作成食品配料,干花可制成茶,籽可加工成金花葵籽食用油。金花葵初放花朵和籽可提取生物总黄酮,经济价值高,市场前景大。

2.金花葵产业产业发展模式

构筑以金花葵产业为主导、优质品种培育—基地种植—采后处理—物流系

图 4.58 金花葵的花

图 4.59 金花葵的干花

统一品牌营销为一体的农业产业一体化的产业发展模型(如图 4.60)。

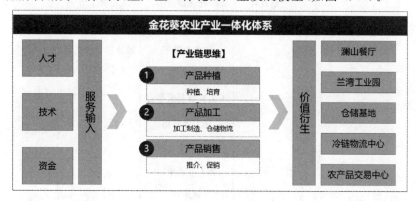

图 4.60 产业发展图

(二)产业体系规划

1.配套产业体系

(1)生产加工:对玉兰原料找出适当的加工方法,保留其中基本的营养素和天然功能性有效成分。加工地点可选用 OEM 加工方法,也可以自己建厂。

(2)电子商务:利用互联网宣传自己的产品,开发专门的网页、手机 APP、自媒体等形式,推广公司产品。多种营销模式、多样销售渠道,增加知名度。

(3)冷链物流:冷链运输是指运输货物始终保持一定温度的运输。联合周边企业,对于玉兰花以及相关产品都要进行冷链物流运输,确保产品的新鲜。

2. 延伸产业体系

延伸产业内容丰富,更好地带动核心产业发展。延伸产业功能遍布整个规划区域,主要包括休闲游乐、生态观光、养生度假、文化艺术、商业娱乐、农副产品加工等。创造良好的观光体验环境,使延伸产业更好地带动核心产业的发展。

三、分区策划

(一)产品列表(见表4.14)

表 4.14　设计产品列表

功能分区	入口服务区	共享农庄区	生态体验区	商业配套区	农业种植区
列表项目	玉兰空门	颐晖居养生社区	玉兰佛海	四季小镇	玉兰梯田
	游客服务中心	玉兰膳食苑	麦积泉谷	花田水街	林下中草药
	生态停车场	文昌阁	花佛谷	船上集市	金花葵种植区
	玉兰湾	观自禅院	澜山餐厅	问酒巷/酒吧街	兰湾工业园
	玉兰湾	"息"养身坊	南果北种园	琳琅巷/商业街	
	连湾桥	随心铺/商店	卷云植物馆	一念天堂/天桥	
		玉兰膳食苑	花泥佛洞	花佛工坊	
		稻画兰湾	迎旭观云营地	兰亭苑/民宿	
			二十个院子	罐罐窑陶瓷工坊	
			林下花海		
			玉山玻璃观景平台		
			堡子博物馆		
			主题亲子乐园		
			花牛苹果乐园		
			欢乐谷		

(二)核心引爆项目

依托七大核心引爆项目,引爆市场,吸引客流。这七大项目为花佛谷、麦积泉谷、玉兰佛海、花泥佛洞、澜山餐厅、主题亲子乐园、玉山玻璃观景平台。

(三)项目内容

1. 盈利模式分析

产业盈利与经营性盈利相结合的综合型盈利模式,助力企业经济收益(见表4.15)。

表 4.15　盈利模式分析表

盈利分析	模式	项目
产业盈利	玉兰种植产业收益＋玉兰加工收益 金花葵种植产业收益＋金花葵加工收益 林下中草药种植产业收益＋林下中草药加工收益	农业种植区——玉兰梯田、金花葵种植区、兰湾工业园 生态体验区——林下花海
经营性盈利	门票收益 餐饮、住宿、游乐、产品售卖等二次消费收益 土地增值收益	整个园区采取门票制,观光类项目统一打包收门票(建议 30 元/人);其他收入主要为游客在园区的二次消费收入如餐饮、住宿、游乐体验(室内游乐按小时收费,室外游乐收门票)、购物等;园区共享农庄区地产项目,可进行售卖,是园区主要收益点之一。

2.入口服务区

陇上花开,水上江南入口景观,游客集散区域(如图 4.58)。

(1)项目规模:占地 157 亩。

(2)策划思路:主要满足游客停车、问询、休憩、集散等功能,是园区的入口综合服务区域,主要有游客服务中心、生态停车场、连湾桥、玉兰湾等项目。在这里,陇上花开、水上江南的入口景观,会让游客情不自禁驻足欣赏,不由自主前去探索。

(3)盈利模式:经营性盈利、产业盈利。

(4)分区项目:玉兰广场、玉兰空门、连湾桥、游客服务中心、生态停车场、玉兰湾。

①连湾桥和玉兰湾是重要交通节点,主打水上江南景观观光和入口形象。在园区扇形入口处种植玉兰树阵打造玉兰湾,构成园区入口主要景观;连湾桥连接玉兰湾与玉兰湾,是游客进入园区的重要交通节点,在桥上游客可欣赏颍川河流水淙淙,感受玉兰湾香气扑鼻,犹如身处江南水乡,感受绝美景观(如图4.59,4.60)。

②游客服务中心、停车场体现综合性服务中心＋禅意生态主题＋旅游商品购物中心。打造集门票售卖、宣传推介、导游服务、集散换乘、咨询投诉、餐饮购物、监控监管等功能于一体的综合型游客服务中心(如图 4.61,4.62),为游客提供"吃、住、行、游、购、娱"全方位、一站式服务,内部设置购物中心,主要销售天水和园区的旅游商品;游客服务中心建筑为生态,以玉兰为元素进行打造,面积 1 500 平方米(如图 4.63)。根据园区地形建台地型生态停车场。

图 4.58　入口服务区效果图

图 4.59　连湾桥

图 4.60　玉兰湾

图 4.61　入口服务中心

图 4.62　中心内部

图 4.63　玉兰空门效果图

3. 生态体验区

呼应麦积山，打造全中国第一个玉兰湾，引爆客流量。

（1）项目规模：占地 853 亩。

（2）策划思路：依托麦积山的佛教文化和双玉兰堂的玉兰文化，以"花＋佛"为主题，打造一个集生态观光、文化体验、休闲度假、亲子游乐、主题住宿、科普教育等功能于一体的片区。

（3）盈利模式：产业盈利和经营性盈利。

（4）分区项目：玉兰佛海、麦积泉谷、林下花海、兰山玻璃观景平台、澜山餐厅二十个院子、堡子博物馆、迎旭观云星空帐篷营地、卷云植物馆、花泥佛洞、南果北种园等。

玉兰佛海：立体生态佛＋玉兰湾形象名片＋夜间灯光，在园区景观视角较好的位置，将花卉通过人工裁剪、特色栽植等方式组成佛的形状，并用石头在外部围合，打造立体生态佛像。佛像大小不一，形状各异，散布于园区中，主要位于园区入口正对游客服务中心的梯田，两条沟形成的山梁以及裸露的山坡等处。将入口处的花佛打造成全国最大的立体生态佛像，作为园区的核心引爆景观。注重夜间景观的打造，将佛像和声、光、电等现代科学技术融合，以丰富园区的夜间景观,打造园区夜间景观吸引核。

花佛谷:"花+佛"主题景观+核心景观节点。依托谷内第一条沟的地形,在谷中种植佛教花卉,并在花卉中散布形态各样的小型佛像,寓意借花献佛、以花养佛,打造"花佛谷"的景观,以供游客瞻仰、参观,休闲观光。

麦积泉谷:环沟玻璃栈道+禅意水景观+核心引爆项目之一。以休闲观光为功能,以特色交通方式体验为目的,参考麦积山石窟的栈道,在第二条沟沿沟两侧设置高低错落的环沟玻璃栈道,控制沟内水量和流速,进行禅意水景观营造,使游客在体验玻璃栈道交通游览方式时,可以欣赏千花拂水,流水淙淙的景观,以丰富游客的游览体验,将第二条沟打造成园区的核心引爆项目之一。

花泥佛洞:"花+佛"文化植入+佛系花墙+夜景打造。以现有的窑洞为依托,以佛教文化和玉兰文化为文化基底,在窑洞中设置泥塑或沙雕的佛像,在窑洞外部墙体上雕刻玉兰花相关的图案,营造拈花佛洞的意境,因沙雕的可变性强,可每月打造不同主题景观。结合声光电等技术,丰富佛洞夜间景观。同时修建一口体量大的新窑洞,洞内还原20世纪天水人民的窑洞生活场景供游客参观体验,并通过老式怀旧产品及园区文创产品售卖增加园区收益。打造一个既具视觉冲击又富文化内涵又可创造经济收益的景观。

澜山餐厅:生态主题餐厅+活动接待承办+养生药膳+私人订制食谱。澜山餐厅为圆拱形玻璃结构,外观装饰点缀玉兰图案(如图4.64)。内部装修以木质或藤条桌椅为主,并种植或装饰绿植鲜花,除可满足游客餐饮外还可以对外进行活动接待承办。餐厅主推药膳,原材料以园区种植的中药材为主,推出大众与私人订制两类食谱,既可实现大众对健康生活的追求,又可为特殊人群服务。如为高血压人群定制降压药膳,为女性定制美容养颜、排毒减脂药膳,为老年人或经常用脑的青少年定制益智药膳等,为项目地引爆项目之一。

南果北种园:创意农业示范+休闲采摘体验园+科普教育基地。利用现代农业生产技术,打造集果蔬种植、休闲观光、果蔬采摘、科普教育于一体的"南果北种"智能玻璃生态农业体验园。体验园分为采摘区和观光区,采摘区以草莓等蔬果采摘为主;观赏区以火龙果、阳桃、山竹等稀有果蔬为主,主要满足休闲观光和科普教育功能,将体验园打造成天水市中小学科普教育基地和休闲度假首选地。

卷云植物馆:多主题植物分区+多形式游玩路线+植物DIY手工体验。卷云植物馆名字出自杜甫诗句"落日邀双鸟,晴天卷片云",而植物生在云间,好似一片仙境。植物馆分为佛系植物园、创意种植园、热带雨林园、沙生植物园四大片区。园内引入水系,打造生态水系景观;通过水陆空等不同游览路线的设计及植物主题景观小品的融入,以增加场馆游览趣味性,形成多角度参观体验,将场馆打造成集观光、体验、购物于一体的综合型场馆。以多肉DIY手工+鲜花售卖

图 4.64　澜山餐厅效果图

＋插花课程＋农耕文化的体验模式实现与人的实时互动。

欢乐谷：四季打造：春夏秋户外亲子游乐场地＋人工降雪解决冬季流量问题。欢乐谷位于生态体验区核心位置，是开放式游客休闲娱乐空间。春夏开展户外亲子拓展，例如放风筝、滚铁环等可以让孩子们亲近自然的娱乐活动。冬季通过人工造雪，变为冰雪童话小镇。欢乐谷内通过摆放的卡通形象玩偶和童话木屋吸引着孩子们的注意。部分童话木屋作为游客休憩的场所，而另一部分木屋则用于出租出售铲子、风筝等，增加项目地收益。

二十个院子：西北建筑风格＋主题打造＋传统民俗体验＋文人墨客聚集地。以现有古村落为依托，以天水当地的民俗文化和伏羲养生文化为文化基底，将其打造成院落式主题型民宿。民宿保留西北特色建筑风格，建筑为夯土结构，原生态风格，民宿内的餐饮均为天水和西北地区的特色美食，在民宿内游客可欣赏和体验天水当地刺绣、剪纸、皮影等民间艺术文化，设置琴棋书画苑，打造一个文人墨客以文会友、吟诗作画的休闲度假目的地。

堡子博物馆：堡子文化科普教育＋堡子周边产品售卖。以堡子原型为参考，以堡子文化为依托，打造文化科普教育的博物馆。馆内各展厅供游客参观学习，了解堡子历史、文化。另设书店、邮局、咖啡厅、餐厅、堡子周边商店等场所，为游客提供休憩与购物服务，定期举行各种展览，以增加客流量。

每月不同主题展览＋文化艺术展集合地。堡子博物馆内可定期举办各类文化艺术展，实现月月有展览，以吸引游客。如先秦文化展，陈列展示先秦时期珍贵历史文物；佛教艺术展，展示天水地区佛文化的地域特色；摄影艺术展，展现艺术家眼中的天水文化与媒体文化，纸媒艺术展、摄影展等。此外，堡子博物馆也可作为私人展会和艺术交流研讨会等会展的场地。

玉山玻璃观景平台:玉兰主题玻璃观景台＋拍照胜地＋最佳观景点。以现状堡子为依托,在最佳观景处设置玉兰花瓣形状的玻璃观景平台,为游客欣赏园区的全貌风景,打造一个最佳拍照节点,为景区核心引爆项目之一。

玉兰大道:玉兰景观大道＋玉兰科普大道＋人流聚集地。分片区种植不同品种的玉兰花,打造色彩缤纷的玉兰景观大道,通过营造浪漫唯美的气氛,迅速聚集人气。玉兰大道为游客休闲观光、拍照留念的好去处,更是游客了解玉兰品种、生长习性、产地分布等相关知识的科普大道。大道两旁设置玉兰元素点缀的凉亭、长椅等景观小品,供游客休憩、娱乐。

花牛苹果乐园:苹果采摘＋林下休闲＋水果主题趣味小品＋郊游目的地。依托现有苹果种植区域建设苹果采摘乐园,在这里,游客可以采摘苹果,还可以购买鲜榨果汁、在林中野餐等。设置多彩水果主题小品,以丰富园区景观,增加趣味性,打造天水市及周边城市郊游目的地。

主题亲子乐园:室内外相结合＋亲子互动＋独立门票制度。童趣园:在主题大棚周边地区,打造室内外相结合的亲子儿童游乐园,乐园为独立门票收费形式,通过新奇灵巧的造型及鲜艳明快的颜色吸引儿童,满足儿童娱乐的需求,为亲子互动提供空间,延长家庭游客在园区内的游览时间。

室内淘气堡:打造室内淘气堡,针对儿童喜欢钻、滑、跳、摇等天性,设计能够锻炼身体、健脑益智的室内游乐项目,具有随意性、互动性、安全性等特点,将儿童置身于一个趣味娱乐、安全放心的游乐环境。淘气堡为室内游乐,不受天气影响,可四季开放,助力园区实现四季旅游。淘气堡门票实行小时收费制,可增加园区收益。主要项目包括蹦蹦床、旋转滑梯、海洋球池、摇摇乐、积木乐园。

攀爬乐园:亲近自然是孩子们的天性。在攀爬乐园中游客可以通过对不同体验方式的思考和探索,亲近自然,在游玩与相互帮助中结识同伴,体验健康、向上的乐趣。这里同样也是成年人的乐园,是一个让人们找回童年的地方。主要项目包括攀爬架、攀爬网、钻笼、蜘蛛塔。

无动力乐园:无动力设备可以让孩子减少对成品及电动设备的依赖(如图4.65),让儿童在游乐中体验和学习自然,在探索中激发创造力、想象力和合作能力,获得综合能力的全面提升。在主题大棚外打造一片无动力儿童游乐区,让孩子走出喧哗的城市空间,与自然相拥,让他们时刻感受最童真的那片幻境。主要项目:组合秋千、滑梯城堡、滑索、跷跷板。

亲子农场:亲子农场是以乡土风格为特色的主题亲子乐园,设置拖拉机、轮胎、攀爬、滑梯、植物迷宫等农业主题游乐园,同时开设儿童农业大讲堂、农事体验活动、DIY粮食画等体验项目。农场内景观小品以农业为主题,如稻草雕塑、南瓜雕塑、稻草迷宫等,既能勾起家长对童年的美好回忆,又能使孩子体验到不

图 4.65　无动力乐园效果图

一样的童年生活。主要项目:农事体验区、DIY 体验区、农业游乐区。

迎旭观云营地:多样露营选择＋与大自然亲密接触。在迎旭观云营地规划玻璃穹顶、帐篷、木屋等不同形式的住宿体,客房全方位的透明穹顶让游客不出户外,仰头就能看见繁星闪烁,躺在床上看璀璨星空。基地提供天文观测体验服务,游客可以在这里探索天文的奥秘。游客可自带帐篷,也可在营地租赁帐篷。

星空花海:夜间吸引核,创意灯光设计＋花海体验。夜间产品打造花海将有万盏灯光亮起,将整个园区变成灯火璀璨之夜,成为拍照留念、浪漫纪念的圣地。成千上万盏花灯同时开启,照亮夜空。在这样一片星空花海中,仿佛来到了另一个五光十色的世界。

4.共享农庄区

佛教＋玉兰＝养心＋养身,家庭养生、抱团养生理念。

(1)项目规模:占地 272 亩。

(2)策划思路:共享农庄区围绕佛教＋玉兰＝养心＋养身的理念,打造颐晖居康养养生社区以及配套设施的玉兰膳食苑。通过吸引游客,使麦积玉兰湾的地价增值,售卖养生地产获得收益。

(3)盈利模式:经营性盈利。

(4)分区项目:观自禅院、颐晖居养生社区、"息"养生坊、玉兰膳食苑、随心铺/商店、文昌阁、稻田兰湾。

颐晖居养生社区:佛教养生文化＋家庭式居住＋抱团式养生。颐晖居养生社区形式上打破现有的养生社区模式,主打家庭式居住,抱团式养生,引入天水文化中佛教养生元素,经常举行养生活动,设立养生课堂更好地让他们享受养生的乐趣。养生社区整体风格设计为独门独院,有江南庭院的韵味。

　　玉兰膳食苑:禅意建筑打造＋佛教养生理念＋多种养生方式结合。兰玉膳食院是以玉兰为主,从养心的角度打造。养生谷从膳食到心理健康全方位打造。项目结合佛教养生理念,打造文化养生馆。让游客体验从食养到心养的全方位养生体验。重点项目建有竹林瑜伽、斋饭堂、讲经堂、禅修居所。

　　文昌阁:游人祈福＋增加人气＋文化宣扬。文昌阁的是专门为游人设计的祈福之地。建筑为传统的佛教寺庙群落。

　　观自禅院:禅修清净圣地＋中国风建筑＋佛系植物装点。观自禅院依托佛教中的禅修文化,旨在为游客打造一片禅修清净之地,以中式木质风格配以竹子等富有禅意绿植作为装饰。长期的禅修课程,吸引游客反复消费。

　　稻画兰湾:现代农业＋创意农田景观＋陇上江南意境。依托项目地水资源及地形的优势,种植水稻,打造"陇上江南"的意境。引进水稻彩色水稻,打造创意农业景观,通过插播、套种等方式使彩色水稻在大地上呈现出佛像或者玉兰花的形状,在稻田设置游步道,为游客参观拍照提供空间。同时,游客也可以从山顶俯瞰全景。场地所种植水稻均采用有机肥,水稻成熟后可为园区内的餐厅提供食材原料。

　　5.商业配套区(四季小镇)

　　一年四季＋白天＋黑夜＝全季全时旅游园区。

　　(1)项目规模:占地495亩。

　　(2)策划思路:商业配套区内打造四季小镇作为玉兰湾的商业休闲集聚区,是人流聚集的一个主要场所,主打花田水街商业形式和前店后坊商业布局,花田水街包含船上集市、问酒巷、食味巷、琳琅巷、欢乐谷五个部分。县道东侧商铺依水而建,街边用花来烘托氛围,西侧改造现有别墅为前店后坊商业布局形式,打造工坊和主题民宿,两侧用地之间架设天桥进行连接,同时通过多种类项目的安排、夜景观的打造以及特色节庆活动的举办,将该地块打造成集吃、住、行、游、购、娱多功能于一体的四季全时旅游园区。

　　(3)盈利模式:经营性盈利。

　　(4)分区项目:花田水街、船上集市、食味巷、欢乐谷、花佛工坊、兰亭苑/民宿、商业配套、罐罐窑陶瓷工坊。

　　花田水街——船上集市——水系打造＋创意售卖＋水上集市体验。在山下河道两边建造临河商铺,出售天水当地特产、特色美食、文创产品以及园区自己加工的玉兰制品与中草药产品。夏季游客可乘独木舟从码头出发,沿河进行观光消费。还可以穿插几条载着货物的独木舟在水道中穿梭,增强游览的趣味性及多样性。由于天水地区气候干燥缺水,所以应当注重水系的打造及水体的保护。

　　船上集市:在文创产品例如本、茶具、服饰中加入天水的佛教元素、大地湾彩绘元素等。在游船上增加一些民俗和佛教的小品摆件,例如窗户上嵌入皮影、穿头摆放漆雕或在船内桌子上摆放小佛像等。多种文化融入方式,增加游客对天水文化了解。

琳琅巷、问酒巷、食味巷:利用天水传统民俗文化中的建筑风格,建造天水风格夯土墙木质门窗搭配以红灯笼作为衬托,路面以做旧石板路铺装。

罐罐窑陶瓷工坊:大地湾文化＋陶瓷手工体验＋大地湾周边产品售卖。以现有的罐罐窑为依托,以大地湾文化为文化基底,设置陶瓷工坊,工坊以大地湾文化相关的陶瓷产品售卖、陶瓷手工体验为主要功能,从建筑风格到装修内饰均为大地湾文化为参考,将工坊打造为大地湾文化的活态展馆。

兰亭苑/民宿:玉兰主题＋特色住宿体验＋公共休闲娱乐空间。将山下三角地现有的建筑的后院打造成主题民宿,民宿以玉兰为主题,从建筑外立面到内部装修均以玉兰为主题元素,以突出玉兰文化,民宿以中式传统风格为主,将民宿地下一层的空间打造成小型公共活动区域如主题家庭影院、休闲桌球俱乐部、健身房等,以满足游客休闲游乐需求。

花佛工坊:天水民俗文化传承＋手工艺品制作体验＋工艺品售卖。将三角地建筑的前院改造为工坊,以天水民俗文化为依托,工坊以木质简约装修风格为主。每一间工坊主题不同,游客可观赏、体验西北传统手工艺品制作,如雕漆、草编、刺绣、剪纸、皮影、风筝等,同时可购买出售的工艺品作为伴手礼。

四季打造:一年四季＋白天＋黑夜＝全季全时旅游园区

春夏:花田水街＋船上集市。以花为主题,水为依托,水岸两边打造商街夜市,供人们休闲娱乐;水上为船上集市,买卖商品。

秋季:食味巷＋养生。以"吃出一个健康的秋天"为主题,开展特色美食节庆活动,主打秋季养生餐饮。

冬季:食味巷＋欢乐谷。食味巷联合山上欢乐谷作为冬季吸引核,食味巷可开展圣诞节集市、民俗庙会等节庆活动,制造冬季欢乐氛围。欢乐谷则人工打造冰雪主题乐园,吸引着游客的冬季探寻。

6.农业种植区

大面积种植、加工玉兰、金花葵以及中草药,实现生产经济效益最大化。

(1)项目规模:占地1 222亩。

(2)策划思路:彩织梯位于玉兰湾背面,专门用作一产种植地,大面积种植可金花葵、食用的玉兰花和林下中草药,最大化地利用和开发土地的经济价值。种植区以金花葵种植为主,打造千亩金花葵种植区。为了弥补玉兰与金花葵生产周期长的缺点,充分利用玉兰花林下土地,套种具有观赏价值、经济效益较高且较省人工的中草药及其他作物,集约利用土地,提高观赏价值和经济效益。

(3)盈利模式:产业盈利、经营性盈利。

(4)建议林下植物种类:油用牡丹、蒲公英、黄芩。

（5）分区项目：金花葵种植区、林下中草药、玉兰梯田、兰湾工业园。

玉兰梯田：白玉兰、红玉兰规模化种植＋玉兰苗木繁育＋玉兰加工原材料。玉兰梯田以玉兰苗木繁育种植为主，主要种植白玉兰和红玉兰，有种苗区和玉兰种植区两大片区，其中，种苗区引进和培育优良的玉兰种苗进行玉兰种苗繁育，种苗可进行售卖，也可租售给当地村民，通过返购村民种植的玉兰花进行加工，来解决园区玉兰系列产品原材料及村民玉兰种植产品售卖的问题，以促进区域玉兰产业的发展；种植区的玉兰主要为玉兰加工提供原材料。

金花葵种植区：金花葵产业化种植＋金花葵生产原材料基地。金花葵兼具药用、食用、保健的功能，可利用价值大，在园区北侧的梯田区域大面积规模化种植金花葵，结合现代农业科技，打造金花葵现代农业示范种植基地，通过金花葵种植、加工、售卖实现金花葵产业全产业链发展，充分实现金花葵的价值。

兰湾工业园：产品研发与加工＋生产经济效益最大化。设置兰湾工业园，设立玉兰花、金花葵及林下中草药的加工车间，对产品进行研发与深加工，保证玉兰产品、金花葵产品与中药材的优良品质与良好的经济收益，实现生产经济效益最大化。

7. 整体景观打造

"花＋佛"主题元素植入＋花佛主题 IP 强化＋增加园区景观丰富性。在玉兰湾内运用花卉植物进行生态景观营造。除大面积种植花卉外，建筑墙面也运用花篮或者藤蔓类花卉进行装饰。同时可以提取花卉的形象作为建筑装饰、景观小品等，烘托玉兰湾园区的主题氛围。

禅意景观小品植入，突出佛教文化。玉兰湾田园综合体内以突出"花＋佛"的理念，除利用上述生态景观打造外，禅意景观小品也将增加园区的观赏性，让游客置身于一个充满浓郁禅意文化的园区中，感受玉兰湾文化的魅力。

坡地景观设计：从堡子下方至康养区顺沿坡地搭建木栈道，山坡上利用彩绘或雕刻工艺进行佛教艺术塑造，呼应麦积山石窟；也可在石头上雕刻杜甫诗句，放置于道路两侧，烘托文化氛围。栈道两侧种植花卉，进行生态景观营造。

8. 配套基础设施

（1）休闲游步道：多样游步道形式＋便捷通达性强的步行交通体系。规划形式多样的游步道系统，给游客提供不同的游步道体验方式，如林间步道、山石步道、登山步道、健康步道、滨水步道、穿林步道等。游步道材质有木质、石板、碎石、水泥、沥青等。游步道不仅是景观的组织与联系纽带，其蜿蜒曲折或跌宕起伏带来的景观变化，也将给游人带来不同的视觉体验与游憩享受。

（2）路灯、垃圾桶、导视系统："花＋佛"元素导入＋丰富的视觉感受＋强化 IP主题形象。园区基础设施建设如路灯、垃圾桶、导视系统等可充分融入"花＋佛"主题元素，通过打造创意景观小品，提升整体艺术品质与文化内涵。在园区内设置玉兰花造型路灯、玉兰造型电瓶车、花佛主题的导视系统等,提升园区景观的观赏性和趣味性。

9.冬季、夜间、节庆引爆项目

盘活冬季旅游,带动夜间氛围,节庆引爆场地,实现全时全季旅游(见表4.16)。

表 4.16　项目内容及策划

类型	核心项目		内容策划
冬季	冰雪主题乐园(四季小镇)		
	南果北种园		
	卷云植物馆		
夜间	星空花海		
	商街夜市		
节庆	1 月	玉兰灯光节	璀璨彩灯与立体花坛展示相结合,游客赏花游园,看灯猜谜
	2 月	新春民俗庙会	欣赏武山秧歌、旋鼓、秦安小曲等民间艺术表演
	3 月	创意农业体验博览会	游客观看现代农业种植示范,亲自体验农业科技技术
	4 月	玉兰花艺展	以立体花坛为主线,打造玉兰花海长廊,举行花艺展览
	5 月	玉兰文化博览会	玉兰书画、摄影精美作品展出,玉兰文化探讨
	6 月	玉兰音乐节	以玉兰花主题元素布景,打造大型音乐节现场
	7 月	先秦文化节	举办先秦文化知识竞赛,器乐演奏,品酒对诗
	8 月	星空露营节	欣赏武山秧歌、旋鼓、秦安小曲等民间艺术表演
	9 月	玉兰美食节	以玉兰为原材料制作的各类特色美食品尝活动
	10 月	创意花田集市展销会	玉兰制品(精油、香薰)及其他传统手工艺展示售卖活动
	11 月	禅修养生文化节	结合禅修体验,以养生为主题,聘请优秀禅养专家,举办禅养讲座
	12 月	健康养生论坛	开展养生知识讲座,举办系列养生活动

四、专题研究

(一)IP 研发及应用专题研究(如图 4.71)

(二)玉兰种植产业专题研究

1.玉兰基础信息分析

(1)生长环境:玉兰性喜光,较耐寒,可露地越冬种植。喜肥沃、排水良好而

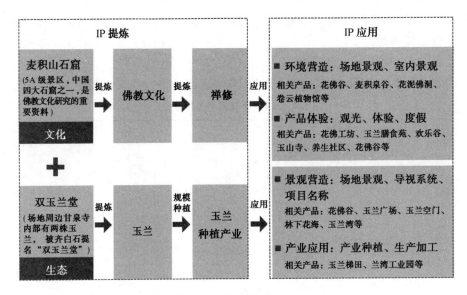

图 4.71　IP 提炼和应用

带微酸性的砂质土壤,在弱碱性的土壤上亦可生长。

(2)培育繁殖:玉兰繁殖常用播种、嫁接、扦插、组织培养等方法。种植玉兰时,可将果实于 2～4 月播种,一年生苗高可达 30 厘米左右。于次年春天移栽,3～5 年即可培育出合格苗木。定植 2～3 年后,即可进入盛花期。玉兰多于每年 2～3 月开放,果熟期为 8～9 月。

(3)品种分类:玉兰品种多样,常见的有广玉兰、紫玉兰、白玉兰、二乔玉兰、红玉兰、黄玉兰等,具有极强的观赏性。

(4)产值效益:玉兰花每亩大约种植 60 棵,平均每亩产鲜花 3 000 斤,干花 500 斤。每亩收益约 2 500 元。

2.玉兰种植产业价值分析

(1)观赏价值:玉兰花外形极像莲花。盛开时,花瓣展向四方,白光耀眼,具有很高的观赏价值;再加上清香阵阵,沁人心脾,实为美化庭院之理想花卉。

(2)药用价值:玉兰花含有挥发油,其中主要为柠檬醛、丁香油酸等,可入药,具有祛风散寒通窍、宣肺通鼻的功效。

(3)食用价值:玉兰花含有丰富的维生素、氨基酸和多种微量元素。以玉兰花为原材料,可加工制作小吃或泡茶饮用,如制成玉兰花茶、玉兰花蒸糕、玉兰花米粥、玉兰花沙拉、玉兰花素什锦等。

(4)经济价值:玉兰花含芳香油,可提取配制香精,制成玉兰香薰、精油等护肤品。以玉兰花形象为基础可打造多种文创产品,如精美邮票、书签、折扇、刺绣及各类陶瓷制品如餐具、茶具等。

3.玉兰品种研究

白玉兰、红玉兰应用范围广泛,园区主要种植白玉兰、红玉兰(见表4.17)。

表 4.17　玉兰品种

常见种类	药用价值	食用价值	观赏价值	经济价值	特点	是否适合种植	图片
白玉兰	√	√	√	√	不耐干旱和水涝	√	白玉兰
广玉兰	√		√		喜湿润的环境	×	广玉兰
紫玉兰	√		√		要求肥沃排水好的沙壤土	×	紫玉兰
红玉兰	√	√	√	√(精油)	一年开花三次	√	红玉兰
二乔玉兰			√	√(芳香浸膏)	抗寒性强、不耐修剪	√	二乔玉兰
黄玉兰			√	√(香水、家具)	花期迟,春末开花	×	黄玉兰

4.玉兰种植产业产品分析

(1)食品:玉兰花茶、玉兰鲜花饼、玉兰花沙拉、玉兰花米粥、玉兰花蒸糕。

（2）文创产品：邮票、折扇、书签、刺绣、茶具。

（3）保健品：玉兰露、玉兰精油、玉兰香薰、玉兰手工皂。

（三）金花葵种植产业专题研究

1. 金花葵基础信息分析

（1）基本信息：金花葵又名菜芙蓉，为一年生草本锦葵科秋葵属植物，适应性强，各地均可种植。喜温暖、阳光充足环境，耐寒、耐热、喜湿、耐盐碱。在近水边肥沃沙质土壤生长繁茂，开花多。

（2）培育繁殖：金花葵为种子繁殖，北方5月上中旬将种子直播于露地苗床，也可先育苗，长至3～4片真叶时移栽。一亩需要种子4 000～5 000粒。

（3）生长周期：花期7～9月，每株开花30～60朵，每朵花重6克左右。果实8～10月陆续成熟。到12月打霜时，金花葵全株枯死。春种秋收，全生育期130天左右，种植一年就可收获。

（4）产值效益：金花葵可种植3 335株/亩，平均株产鲜花50朵。亩产籽粒200多千克。亩产鲜花1 000千克、干花100千克左右，基础产值6 000～7 000元/亩。

利用金花葵深加工，制成花茶、药物、食用油等产品，每亩一年产值可达5万元以上。

2. 金花葵种植产业价值分析

深挖金花葵四大价值，金花葵全产业链开发，为项目地带来多方收益。

（1）景观价值：金花葵花冠金黄，紫心金蕊，花大如碗，宛如出水芙蓉。既可庭院孤植、丛植，也可园林、大田产业化、商品化大面积栽培，还可做成盆景观赏。

（2）药用价值：金花葵具有清热解毒、清利湿热、消炎镇痛之功效，内服主治五淋、水肿，外用治疗汤水烫伤。果实、种子具有补脾健胃、生肌功效，治疗消化不良、跌打损伤等。

（3）食用价值：金花葵可直接入口鲜食、凉拌、热炒、做汤等，或以花泡水代茶、泡酒。金花葵根、茎、叶可做成称为"榆皮面"的面粉，营养价值高，经常食用可预防心脑血管疾病。

（4）经济价值：金花葵的油脂可作为高档润滑油，也是加工化妆品的高级原料。可作为蔬菜上市买卖，作为珍稀花卉售卖，作为简单加工品饮用茶上市。

3. 金花葵种植产业产品分析

（1）保健类：金花葵酵素、金花葵蛋白粉、金花葵口服液、金花葵胶原蛋白。

（2）食用类：金花葵茶、金花葵油、金花葵酒、金花葵挂面。

（3）日化类：金花葵面膜、金花葵精华液、金花葵洗洁精。

（4）医药类：金花葵胶囊、金花葵含片、金花葵烫伤膏。

（四）水系打造专题研究

1.水系的打造价值

引水入地，价值提升。由于水的可塑性强、形态多样、价值丰富，深受大众喜爱，项目地可通过引水入地，为其注入灵性和活力。

生态：净化空气、提供生物栖息地、调节小气候、保护生物多样性。

经济：带动项目地土地升值以及房地产等相关产业的发展。

文化：水溶万物而不争，水象征纯净，洁身自好，纤尘不染。

景观：建设新颖别致的水景观、增加景观多样性、益于营造空灵超脱的意境、改善当地的宜居性和宜游性。

体验：依托水打造水上集市、特色汤泉，增加水体验。

2.水系的打造方式

"水"多以水景观的形态和水休闲的功能进行打造。

（1）水景观。

①涌泉：旱涌、低涌；

②喷泉：音乐喷泉、喷雾泉；

③静水：生态水池、倒影池；

④流水：涉水池、溪流；

⑤跌水：水幕墙、壁流。

（2）水休闲。

①体验类：水上集市；

②康养类：水疗养生，汤泉。

【实施保障篇】

一、建设管理及运营机制

（一）建设管理及运营机制（如图4.72）

（二）融资模式（见表4.18）

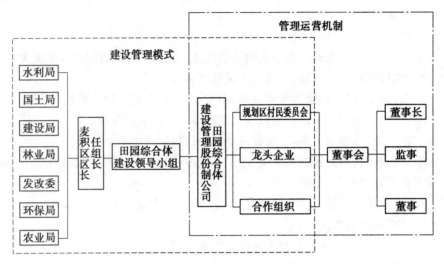

图 4.72　建设运营管理机制图

表 4.18　田园综合体融资模式

模式	主导机构	形式
PPP 融资模式	政府主导	政府＋企业＝组建 SPV
产业基金及 母基金模式	政府主导	政府委托金融机构或其他公司出资建立基金
	金融机构主导	金融机构＋国企＝组建基金管理公司
	大型实业类企业主导	政府不出资的 PPP 产业基金,政府授予企业特许经营权
国家专项基 金贷款模式	政府主导	利用已有资产进行抵押贷款,运营项目成为纳入政府采购目录的项目

(三)利益分配机制

完善利益分配模式,真正做到企业、合作组织有长远效益。

1.农民

①原有农作物的种植收入:充分考虑场地的特点,不改变原有农田的经营权,使其经营权保留在农民手里,确保农民原有收入不降低。

②林下土地流转收入:进一步推进土地适度规模化经营,将耕地、荒地流转到龙头企业、合作社和行业大户手中,区分不同土地,确定每亩不同的土地流转价格,确保农民收入。

③流转土地经营管理收入:将流转到龙头企业、合作社和行业大户手中的土地,按照每亩合理的价格,交给原土地农户管理,负责土地的除草和养护,增加农民收入。

④劳务输出收入：项目区企业优先聘请项目区劳动力，按照工作性质确定日工资，让农民就近就业，实现劳动力的回流。

⑤旅游从业收入：通过旅游人数的增加，扶持、鼓励当地农民开办、经营农家院、乡村客栈、农村酒店等经营实体，同时扩大果品采摘、旅游产品销售的规模和渠道，增加农民旅游从业收入。

⑥村集体股权分红收入：村集体股权所占企业股份在取得分红后，除去必要的公益事业投入外，按照一定的机制分配给全体村民，让村民实现产业致富。

2.企业

①生产经营：生产经营收入主要包括果品售卖、农产品售卖等相关初级产品的销售收入。

②产品加工销售：主要包括初级产品的深加工、销售等产业链条延伸收入。

③旅游从业服务：主要包括餐饮、住宿、娱乐、旅游门票、度假地产售卖和场地租赁等相关旅游服务的增值收入。

3.村集体

①集体土地：集体土地主要包括集体所有的荒山、土地等资源，提供给企业"无偿"使用，转化为股份。

②集体资产：集体资产主要包括集体所有的房屋、道路、电力、水利等基础设施，提供给企业"无偿"使用，转化为股份。

③集体争取各级财政资金：集体争取各级财政资金主要包括政府整合投入到企业的各项财政资金、项目，按照一定比例转化为集体投入到企业的资金，进而转化为集体所占股份。

二、投资估算及效益分析

（一）投资估算及资金筹措

通过对国家级田园综合体案例的投资情况进行计算（见表4.19），得出投资估算价为4.76万元/亩，综合场地地产项目，项目地占地规模为3 000亩，得出总费用5亿元。

表 4.19　麦积玉兰湾田园综合体项目融资筹措方案

项目类别	项目名称	建设主体	资金安排
土地治理	水利措施	区政府	财政资金
	农业措施	区政府	财政资金
	田间道路	区政府	财政资金
	科技措施	区政府	财政资金
	其他费用	区政府	财政资金
产业化	玉兰梯田	企业	社会资金
	林下中草药	企业	社会资金
	金花葵种植业	企业	社会资金
	南果北种园	企业	社会资金
	兰湾工业园	企业	社会资金
其他项目	玉兰空门	企业	社会资金
	游客服务中心	企业	社会资金
	生态停车场	企业	社会资金
	玉兰广场	企业	社会资金
	玉兰湾	企业	社会资金
	连湾桥	企业	社会资金
	颐晖居养生社区	企业	社会资金
	玉兰膳食苑	企业	社会资金
	玉兰佛海	合作社	社会资金
	麦积泉谷	企业	社会资金
	林下花海	合作社	社会资金
	花佛谷	企业	社会资金
	澜山餐厅	企业	社会资金
	二十个院子	企业	社会资金
	堡子博物馆	合作社	社会资金
	迎旭观云营地	合作社	社会资金
	花泥佛洞	企业	社会资金
	四季小镇	企业	社会资金
	主题亲子乐园	企业	社会资金
	花牛苹果乐园	企业	社会资金

（二）效益估算

园区最大容量计算公式：

S_i（瞬时最大空间容量 1.8 万）＝X_i（游览空间面积 593 亩）/Y_i（平均每位游客所占用的面积按 20 平方米/人）

Z_i（日周转率 1.5）＝T（每天开放时间 12 小时）/t（平均游览时间 8 小时）

C_i（日最大空间容量 2.7 万）＝S_i（1.8 万）× Z_i（1.5）

计算得出园区最大容量约为 2.7 万人次/日。

经营性收益：2021 年游客基数 20 万人次，2021—2025 年内以 15％—20％的增速增长，累计经营利润 1.44 亿元。

根据项目损益分析及财务分析结果，本项目投资回收期为 8 年（见表 4.20）。

表 4.20　效益估算表

项目	单位	经营期							
		2018 年	2019 年	2020 年	2021 年	2022 年	2023 年	2024 年	2025 年
年客流量预测	万人次	0	0	0	20	24	26	30	35
人均消费	元				200	250	300	350	400
经营收入	万元				4 000	6 000	7 800	10 500	14 000
经营成本	万元				2 640	3 960	5 148	6 930	9 240
经营利润	万元				1 360	2 040	2 652	3 571	4 760

1.政府盈利

土地与项目合作收益、税收、巨大的边际效益、财政拨款。

2.一级开发商盈利

资本经营收益、门票收益、物业出租收益、物业出售收益、项目经营收益。

3.二级投资商盈利

门票经营收益、物业出租收益、项目经营收益。

4.项目经营者收益

项目经营收益。

（三）收益分析

1.企业收益分析

（1）产业收入：玉兰育苗、精深加工收入。

（2）土地增值收入：地产售卖、租赁收入。

（3）经营性收入：旅游项目经营收入，商业营业收入。

（4）政府补贴收入：基础设施建设补贴、扶贫补贴。

（5）企业形象提升：塑造项目 IP，提升企业形象和影响力。

成功申请国家级田园综合体可获得每年 6 000 万—8 000 万元,连续三年共2 亿左右的政府补贴。

2.政府收益分析

(1)当地政府。

①财政税收收益:通过项目地的开发建设和后期经营,增加了政府在财政方面的税收收入。

②实现精准扶贫:通过本项目的发展,可带动当地居民就业,增加其经济收入,帮助农民脱贫致富,实现了精准扶贫。

③获得政绩效益:本项目的成功经营建设和国家级田园综合体目标的打造,可帮助政府实现精准扶贫,完成政绩目标,获得政治效绩。

(2)村集体。

①集体土地:集体土地主要包括集体所有的荒山、土地等资源提供企业"无偿"使用,转化为股份。

②集体资产:集体资产主要包括集体所有的房屋、道路、电力、水利等基础设施提供企业"无偿"使用,转化为股份。

③集体争取各级财政资金:集体争取各级财政资金主要包括政府整合投入到企业的各项财政资金、项目,按照一定比例转化为集体投入到企业的资金,进而转化为集体所占股份。

3.农民收益分析

(1)玉兰等农作物种植收益。

购买或免费获得企业培育的玉兰育苗,或原有农作物种植收益。

(2)土地流转收入。

将耕地、荒地流转到龙头企业、合作社和行业大户手中,区分不同土地,确定每亩不同的土地流转价格,确保农民收入。

(3)流转土地经营管理收入。

将流转到龙头企业、合作社和行业大户手中的土地,按照每亩合理的价格,交给原土地农户管理,负责土地的除草和养护,增加农民收入。

(4)劳务输出收益。

企业在生产建设时,项目区企业优先聘请项目区劳动力,按照工作性质确定日工资,让农民就近就业,实现劳动力的回流。

(5)旅游从业收入。

扶持、鼓励当地农民开办经营农家院、乡村客栈等经营实体,扩大旅游产品销售的规模和渠道,增加农民旅游从业收入。

(6)村集体股权分红收入。

村集体股权所占企业股份在取得分红后,除必要的公益事业投入外,按照一定的机制分配给全体村民,让村民实现产业致富。

(四)分期实施

本项目的规划期限为 2018－2020 年,共分为三期(见表 4.21),其中,

近期:2018 年,为完善基础、拉开骨架阶段;

中期:2019 年,为核心突破、统筹开发阶段;

远期:2020 年,为全面启动、持续发展阶段。

表 4.21　分期实施

阶段	近期	中期	远期
时间	2018 年	2019 年	2020 年
1	玉兰空门	船上集市	玉兰膳食苑
2	游客服务中心	问酒巷/酒吧街	观自禅院
3	生态停车场	食味巷/美食街	随心铺/商店
4	园区道路	琳琅巷/商业街	"息"养身坊
5	玉兰湾	欢乐谷	迎旭观云营地
6	连湾桥	花佛工坊	颐晖居养生社区
7	玉兰广场	兰亭苑/民宿	
8	澜山餐厅	林下花海	
9	金花葵种植区	一念天堂/天桥	
10	花佛谷	花田水街	
11	玉兰佛海	二十个院子	
12	林下中草药	堡子博物馆	
13	玉兰梯田	南果北种园	
14		花泥佛洞	
15		麦积泉谷	

(五)营销策略

网络营销、事件营销相结合,共同推进企业品牌形象宣传,增加项目知名度(如图 4.73)。

三、实施保障措施

(一)组织保障

成立由县长任组长,财政、农村综合改革、农业综合开发以及发改委、国土、环保、水利、农业、林业等单位和部门主要领导为成员的领导小组及办公室,统筹

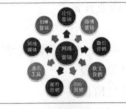

- 自媒体营销：创建微信公众号，定期更新内容，进行项目品牌形象宣传
- 微博、直播营销：创建微博和时下盛行的直播平台账号，利用名人效应，宣传项目内容，增加项目知名度

- 应季果蔬采摘
- 节庆活动：一年月月有节庆，每月不同主题，以引爆项目地，快速聚集人气

图 4.73　营销策略

组织试点项目的申报和实施等各项工作。

（二）财政保障

引入社会资本，多方筹集项目资金，将美丽乡村建设资金、全域旅游创建资金等向该乡倾斜。

通过县供销总社成立的资金互助部融资担保公司和通过甘泉镇供销农民合作社联合社成员资金互助部两种融资渠道引进资金。

市供销总社、县供销总社在引进资金上积极为项目建设搞好服务，保障田园综合体项目的建设资金。

（三）政策保障

通过出台优惠政策、有效整合项目、多方筹措资金，为田园综合体项目的建设提供强有力的政策保障。

课程思政案例

【本次课程目标】

1. 知识目标

（1）能够准确说出融创文旅城包括几个部分。

（2）能够准确说出融创主题乐园景观分区，以及每个分区的设计特色。

2. 能力目标

（1）培养学生对主题乐园设计的总体认知和感悟。

（2）能够对主题乐园设计的分区意图、游乐项目的创意设计有所体会。

【思政育人目标】

1. 中国传统诗词文化的深厚底蕴。
2. "冰雪文化之都"助力城市振兴。
3. 冰雪运动健儿的为国争光,艰苦训练等励志事迹。
4. 地域文化特色的体现:欧陆风情、冰雪特色、龙江民族文化。
5. 工匠精神。

【思政要素切入点】

1. 通过对"一片冰心在玉壶"的诗词讲授,挖掘中国传统诗词文化的深厚底蕴。

2. 通过对冰壶的建筑特色和冰雪室内场的设计,引出哈尔创建"冰雪文化之都"助力城市振兴的宏伟蓝图。

3. 通过对黑龙江省冰雪运动健儿为国争光的重要任务、先进事迹的介绍,讲述励志的成长故事和比赛经历,从而激发学生的吃苦耐劳、坚韧不拔的精神。

4. 通过对富有黑龙江省地域文化特色和哈尔滨特色的景点讲述,突显地域文化的重要性。

5. 通过对融创雪世界、融创乐园和融创展示中心等建筑工程和主题公园景观设计等内容,融入工匠精神,设计师的创意设计,施工人员的认真、精细,展现了一座精品的主题文化旅游区。

【教学策略】

本节课我们将课堂从教室搬到了现实中,身临其境地感受真实的场景,是一种边游边学,边讲边看的沉浸式教学策略。有教师的讲授、有学生与教师间的交流讨论,这是一种完全的翻转课堂的形式,学生和教师间可以任意地交流内容。同时本节课也采用了任务驱动式,给学生布置了学习任务,带着目的来考察学习,并预留自己调研的时间。

【实施过程】

本次课程是以实景体验的真实场景为讲授内容。课程主要分为三个部分:
一是教师的讲解陈述,给学生大量的背景知识,让学生感受设计意图、设计特色。
二是学生的亲身感受,在教师的讲授中自己领悟。
三是学生的调研,在跟随教师学习后,学生在教师布置的任务驱动下,以自己视角的调查,并写出调查分析报告,在全班进行展示。

【案例教学内容】

一、哈尔滨融创文旅城

（一）哈尔滨融创文化旅游区的介绍——教师讲授

哈尔滨融创文旅城前身是哈尔滨万达文旅城，2017 年被融创收购。哈尔滨融创文旅城位于松北新区，建筑面积约 80 万平方米，含融创茂、融创乐园、舞台秀和度假酒店群等内容，是一个集合了商业、室内外休闲娱乐、演艺表演及度假休憩功能的超大型复合开发项目。2013 年开工，于 2017 年 6 月底竣工开业。

1. 融创展示中心

最大的冰壶造型建筑——"哈尔滨融创展示中心"，建筑颇具哈尔滨冰雪气质，被昵称为"冰壶"。该建筑耗资 1.5 亿元，占地面积 2 765 平方米，总建筑面积 4 024 平方米。

融创展示中心建筑外形完全仿造冰壶造型进行等比例放大，不仅体现了哈尔滨特色冰上运动项目，同时还寓意有"一片冰心在玉壶"的深厚文化内涵。冰壶运动被誉为是冰雪竞技体育的塔尖运动。哈尔滨诞生了中国最早一支冰壶队。冰壶是哈尔滨冰雪气质的体现，也是这座城市荣耀和辉煌的象征。

融创文旅城不仅建设规模是国内罕有，其展示手段的多元和丰富在国内也处于领先。中央超大下沉式沙盘将项目文化、旅游、商业、酒店四大产品进行立体展示，让客户犹如俯瞰万达城整体项目。此外，在休息区都配备了最新科技的互动触摸屏，让客户可以轻松了解万达城内部每个产品的详细资料。豪华 3D 体验厅内如同巨幕一般的 LED 屏，让来参观的客户感受到如同好莱坞大片一般的震撼视觉体验。

2. 哈尔滨融创雪世界——全球超大室内滑雪场

哈尔滨融创文旅城的设计定位彰显哈尔滨的冰雪特色，为了满足冰城人民对冰雪娱乐的追求，修建的该大型室内滑雪场。融创雪世界全年恒温在零下 5 摄氏度，四季舒适娱雪，冰与雪全面不息。融创雪世界建筑面积 80 000 平方米，冰雪面积 66 000 平方米，可容纳 3 000 人。

室内有丰富的雪上娱乐项目，包含高级滑道、初中级滑道、戏雪区等，适合与家人及好友畅玩。

（1）8 条雪道激情畅滑，尽享滑雪乐趣。

8 条不同坡度的雪道，最高垂直落差高达 80 米，畅享激情畅滑。国家级滑雪运动员贴身指导，满足游客不同层次的滑雪需求。设有国内首条随动扶手魔毯，奥地利原装进口，保驾护航安心无忧。

（2）1.5万平方米超大娱雪区，打造梦幻童话世界。

丰富多样的雪上娱乐设备，适合好友组团或亲子家庭出游。

2017年，国际冰雪联合会主席参观这里并给予高度评价，作为官方滑雪训练基地，与辽宁省冬季运动项目管理中心、哈尔滨冬季运动项目训练中心、北京海淀滑雪队、沈阳体育学院等九家体育单位签订了滑雪训练协议，并举行了授牌仪式。

※※※课程思政要素的融入与映射

哈尔滨融创展示中心，一座具有鲜明哈尔滨地域特色的建筑造型，为哈尔滨增添现代气息和大都市特色。作为一个景观设计，要避免千篇一律和雷同性，要做有特色的设计。这个特色挖掘要能够深入体会到所在城市的地域性，挖掘其文化内涵，了解气候特点、物产特色、各类资源等。"大冰壶"造型的建筑就将哈尔滨的"冰雪之都"彰显得淋漓尽致。它不仅是一项非常重要的竞技体育赛事，更是彰显哈尔滨冰壶体育人才的培养在国家的重要地位。具体的思政元素通过以下内容进行体现：

（1）文化性的挖掘——文化意蕴。

"大冰壶"建筑设计的文化内涵体现"一片冰心在玉壶"，其出处为唐代王昌龄的《芙蓉楼送辛渐》："寒雨连江夜入吴，平明送客楚山孤。洛阳亲友如相问，一片冰心在玉壶。"表达了诗人的纯洁情感、高尚志向、高风亮节、开阔胸怀和坚强品格。在这座建筑的设计中引入这一诗词，是中华传统诗词文化的传承与发展，让冰冷的建筑富有了浓浓的文化气息，更加生动。从一个现代的建筑设计可以看出中华深厚的诗词文化的重要性，在设计中融入"诗词文化"会将设计理念升华，激发学生对中华诗词文化的重视，自己在平日中可以加强文化修养。

（2）地域特色——"冰雪文化之都"。

中国共产党哈尔滨市第十五次代表大会上提出，扛起省会担当，擘画"七大都市"宏伟蓝图，打造创新引领之都、先进制造之都、现代农业之都、向北开放之都、创意设计之都、冰雪文化之都、宜居幸福之都的"七大都市"，奋力开创哈尔滨的全面振兴和全方位振兴。

融创展示中心和融创雪世界，从冰雪赛事——冰壶运动的造型体现和室内大型的滑雪场和冰雪娱乐场地，都体现了冰雪在哈尔滨的重要地位，体现了城市的冰雪气质。用现代建筑的语言强调冰雪运动主题，内部造型突出结构美学，同时也反映室内滑雪场的空间需求，以超长大跨度超高层的钢结构搭建"世界上最大的室内滑雪场"，以独特的斜向巨柱支撑落差高达80米的雪道空间，外墙材料以红、灰金属板和透明玻璃交替使用，突出斜坡造型冲击力的前提下，使整体建筑视觉上更加轻盈。

哈尔滨人民对于冰上运动也非常重视,从小就培养孩子进行各种冰雪运动,同时寒冷的冬季气候繁荣了哈尔滨的旅游产业,冰雪大世界、雪博会、冰灯游园会等重要的冰雪旅游景点以及亚布力的冰雪旅游度假区等,为哈尔滨的"冰雪文化之都"奠定了重要基础,构成了城市发展的主旋律。除了冰雪运动外,冰雪本身作为水的固态形式的体现,是冬季的主要降水呈现,冰和雪的晶莹别透、冰清玉洁,同样也呼应了"一片冰心在玉壶"。

(3)冰雪健儿的先进事迹——为祖国争光。

黑龙江的冰雪运动运动员素质颇高,走出了许多冰雪运动健儿,如申雪、赵宏博、张丹、张昊、杨扬、佟健、王濛、任子威、武大靖等。黑龙江的冰雪运动健儿们在赛场上挥洒汗水,为国争光。运动员坚毅的品格、勇往直前的精神都是值得学生们所学习的。

举例——王濛

"我的眼睛就是尺。"这是 2022 北京冬奥会王濛主持时的金句,"濛言濛语"幽默诙谐深受大家喜欢。

1984 年出生的王濛,在运动员期间就是"大魔王"般的存在。18 岁时就为中国拿下了第一个世界青年锦标赛冠军。王濛在比赛时为了展现自己的实力,调侃就算是"装"也要背手滑完全程,震慑对手。为了不让其他国家的选手有对她阻挡、犯规的机会,王濛直接让对方连她的屁股都追不上,是当之无愧的"濛主"。她还豪迈发言:"只要我在赛场上,第二名就是其他人的天花板。"退役后的王濛,在 2018 年 5 月出任速度滑冰国家集训队主教练,继续为她热爱的事业发光发热。

王濛的实力不是超能力,是一圈圈在冰场中不畏艰辛的训练成果。

重温冬奥赛场上我国奥运健儿为国争光、拼搏奋斗的一个个感人瞬间,共同感受了五星红旗冉冉升起时作为华夏儿女的强烈归属感和荣誉感。辅导员们巧妙构思,从开、闭幕式的精彩瞬间和深刻内涵,奥运健儿的成长之路,赛场上奋力拼搏的瞬间多方位地教育引导同学们要坚定理想信念、矢志艰苦奋斗、练就过硬本领,肩负起伟大复兴时代的责任和历史使命。

(二)融创主题乐园的沉浸式学生参观考察——学生领悟(现场互动教学)

哈尔滨融创乐园的现场教学,师生现场沉浸式教学,互动参与。

哈尔滨融创乐园是哈尔滨唯一的大型娱乐主题乐园,占地 40 公顷,由世界知名公司担纲设计,以地域传统文化为主题,突出黑龙江省的风土人情,并设置满足不同游乐需求的各种游乐设备,让游客体验世界级主题公园的乐趣。室外乐园融合欧陆风情和东北渔猎文化,分为五大主题区域,即丁香仙境、兴安雪原、欢乐时光、乌苏里渔歌和哈市大街。20 余项大型游乐设施,带给游人惊险刺激与亲子欢乐的体验。

※※※课程思政要素的融入与映射

(1)展示城市建筑文化——欧陆风情。

融创主题乐园的大门设计采用了中华巴洛克风格与西方古典建筑元素的嵌套手法,延续金代主流建筑风格。墨绿色的金属建筑框架,从色彩和形式上呼应索菲亚教堂广场的拱廊和钟塔,将城市的历史保护建筑元素进行彰显。进入园内,走在哈市大街内,两侧的商业建筑以洋葱头式的圆形穹顶和高塔的建筑形式,彰显着欧洲异域风情的浪漫格调,既有索菲亚的建筑特色,也让人感受中央大街的悠久历史,仿佛穿越回19世纪的哈尔滨。这就是在设计中体现城市的地域特色,从建筑上、形式上、文化上等多方面的融入和体现,形成了哈尔滨特色的融创乐园,让融创的主题乐园遍地开花,但每一个园区都展现自己的地方特色。将文化传承得更为久远,设计的东西才能屹立不倒,永世流传,更能激发人们的思乡之情和亲切的感受,从而形成更好的认同感。

(2)展示原生态的龙江民俗文化——传承龙江地域传统文化。

民族的才是世界的。在祖国北疆大小兴安岭之间和黑龙江、乌苏里江的三江平原地区生活着两个少数民族,这就是鄂伦春族和赫哲族,他们是友好的近邻,交往频繁,是黑龙江省原生态民俗文化的典型代表。在融创乐园的设计中,深刻挖掘民俗文化,将鄂伦春族和赫哲族的民族文化特色融入主题项目的设计中。兴安雪原阳光和煦,清澈的河水灌溉着富饶的林区,游客不仅能体验现代娱乐项目带来的好玩刺激,还能穿梭在苍茫磅礴的林海雪原,饱览鄂伦春的民族风情。在白桦林衬托下,采用自然材料人工搭建的"木格楞""仙人柱"形成独具特色的建筑形式。在白桦林衬托下,有鄂伦春的木建筑餐厅。

乌苏里渔歌远离尘嚣,渔猎江畔,这里是赫哲族文化的缩影;神灵图腾,萨满祭祀,这里彰显着民族风情;惊险奇妙的游戏探险,风味独特的零食餐品,将传统民族风情精彩演绎。

赫哲飞舟:游客们将乘坐一条"大马哈鱼",从30米高度顺着乌苏里江急驰而下,"熊"口脱险,瞬间大浪冲天、水花四溅,领略一场前所未有的惊心动魄。

渔歌踏浪:兴奋的赫哲勇士驾驶独木舟开始出征。由缓至急地往复摆动,渔船犹如置身惊涛骇浪的大海之中,一起乘风破浪,全速出击!

(3)工匠精神。

在对融创文旅城的参观过程中,我们看到的建筑作品和园区作品,从设计到施工,最后呈现在我们面前的作品就是工匠精神的完美体现。无数次地修改设计图纸,才能呈现出独具特色的建筑造型,无数次的数据修改,以及施工过程中的标准、精细,才能呈现出惊艳的主题乐园。

工匠精神是人类文明的基础,它对于个人,是干一行、爱一行、专一行、精一行,务实肯干、坚持不懈、精雕细琢的敬业精神;对于企业,是守专长、制精品、创技术、建标准,持之以恒、精益求精、开拓创新的企业文化;对于社会,是讲合作、守契约、重诚信、促和谐,分工合作、协作共赢、完美向上的社会风气。

工匠精神可从6个维度加以界定,即专注、标准、精准、创新、完美、人本。其中,专注是工匠精神的关键,标准是工匠精神的基石,精准是工匠精神的宗旨,创新是工匠精神的灵魂,完美是工匠精神的境界,人本是工匠精神的核心。

我们作为未来的景观设计师,要具备"专注""标准""精准""创新""完美"和"人本"的工匠精神。

①专注。我们要将本专业的内容学透、学精,对待设计作品要专注,深入设计的精髓。

②标准。我们要时刻以设计规范、设计标准为参照,不修改任何不能改动的数值,尤其是建筑设计,更要遵守标准,改变一个设计数值就可导致建筑的安全问题。设计作品要安全,在设计过程中就要严格遵守标准,在施工过程中不可为蝇头小利采用不符合标准的材料。

③精准。精准的设计定位,符合产品的唯一性。精准体现了"量身定制",我们要精准做事,做精准设计。

④创新。创新是工匠精神的灵魂,是创新设计师应具备的重要能力。每一件设计作品都凝聚了设计师的心血,是其精准的量身定制的精品体现,是在不断地思想创新、材料创新、工艺创新后而呈现的作品。

⑤完美。一件完美的艺术作品,给人身心愉悦的享受。

⑥人本。工匠精神的核心在人。产品是人品的物化,要在以人为本的理念下,设计出为人服务的产品,满足人们的各种需求。

(三)融创主题乐园的沉浸式学生调研——沉浸式真实体验教学

再次游览,感受主题乐园的欢娱氛围,将教师带领参观和现场讲授的内容通过学生自己的仔细品味,慢慢领悟设计的真谛。在参与娱乐项目的互动中,感受主题乐园带给人们的欢乐状态,激发自己设计主题乐园的激情。

※※※课程思政要素的融入与映射

以情感体验为中心的全域式沉浸式体验:

通过美轮美奂的卡通动漫环境,参与娱乐活动项目,观赏演艺表演、花车巡游等达到沉浸式体验。

主题公园的沉浸式体验是主题公园未来发展的新型业态动向,能为主题公园注入高黏度、高个性化、全体验性、超震撼等全新的特点,是应对新时代消费升级的产物。沉浸式体验给游人还原一个真实的全域化梦想世界。

通过学生自己沉浸式体验的方式,培养学生发现问题、感知问题的能力,并锻炼学生进行总结和思考的能力,为今后的设计积淀储备。这种沉浸式的教学方式就是一种思政的创新,并培养了学生更多方面的能力。

【取得成效】

本次课程在教学手段上采用了实景体验真实场景的内容讲授。以"沉浸"为特色,以真实的实践感知为目的。通过教师的现场讲授,学生能更好地理解主题公园的设计意图,主题公园设计施工后带来的真实反响和作用,学生在自己的感知中更好地理解设计的重要性。通过课程的学习,学生掌握了主题公园的分区设计、大门、主题游乐项目以及活动宣传等知识点的内容。同时在课程思政的育人情感方面,学生更好地理解了哈尔滨市冰雪文化的重要文化内涵,理解了冰雪体育健儿的精神。哈尔滨地域性建筑文化特色得到彰显,欧陆风情,以及赫哲族传统渔猎文化得以发扬等,同时在看到精美的设计作品后,学生理解了工匠精神,只有传承并发扬工匠精神,才会呈现出更多的惊艳全国乃至世界的设计作品。

【教学反思】

本次课程在教学手段上进行了创新,是以实景体验的真实场景讲授内容。以"沉浸"为特色,以真实的实践感知为目的,这种授课方式的本身也是一种课程思政的体现。通过现场教学改变了固化的课堂教学模式,将观看图片和视频改为了直观的感受。让学生更好地理解,并通过自己的再感知、再调研,加深学习,课后再加以总结,将学习的设计案例进行深刻剖析,具有很好的学习意义。从而锻炼了学生的学习—思考—总结的学习能力,培养学生的科研能力,培养学生做项目的思维模式。本次课程在教学手段上的改革创新是值得发扬和学习的。

本次课程在取得行之有效的效果后,也存在一定的不足,就是教师的实践能力有待提高,如,去施工公司进行培训学习,掌握更多的施工工艺技法,这样教师在讲解过程中更具有实践性。

参考文献

[1] 谢凝高.保护自然文化遗产与复兴山水文明[J].中国园林,2000,16(2):36-38.

[2] 董靓,陈睿智,曾煜朗,等.旅游景区规划设计[M].北京:中国建筑工业出版社,2018.

[3] 熊彼特.经济发展理论[M].何畏,等译.北京:商务印书馆,1997.

[4] 赵中建.教育的使命:面向21世纪的教育宣言和行动纲领[M].北京:教育科学出版社,1998.

[5] 李飞."三全育人"理念下高校创新创业教育课程的思政功能研究[D].桂林:桂林电子科技大学,2022.

[6] 谭贺.习近平创新人才观视域下大学生创新素质提升研究[D].石家庄:河北科技大学,2022.

[7] 成希.研究型大学创新创业教育生态系统构建研究[D].长沙:湖南师范大学,2018.

[8] 胡一可,张昕楠.图解风景旅游区规划设计[M].南京:江苏凤凰科学技术出版社,2015.

[9] 马勇,李玺.旅游景区规划与项目设计[M].北京:中国旅游出版社,2008.

[10] 陈永贵,张景群.风景旅游区规划[M].北京:中国林业出版社,2009.

[11] 博拉,等.旅游与游憩规划设计手册[M].唐子颖,吴必虎,等译校.北京:中国建筑工业出版社,2004.

[12] 贝尔.户外游憩设计[M].陈玉洁,译.北京:中国建筑工业出版社,2011.

[13] 邹统钎.旅游景区开发与管理[M].北京:清华大学出版社,2004.

[14] 付军.风景区规划[M].北京:气象出版社,2004.

[15] 保继刚.旅游区规划与策划案例[M].广州:广东旅游出版社,2005.

[16] 吴必虎.旅游规划原理[M].北京:中国旅游出版社,2010.

[17] 张胜华.景区规划与开发[M].北京:北京理工大学出版社,2011.

[18] 邓涛.旅游区景观设计原理[M].北京:中国建筑工业出版社,2007.

[19] 崔莉.旅游景观设计[M].北京:旅游教育出版社,2008.

[20] 张国强,贾建中.《风景名胜区规划规范》实施手册[M].北京:中国建筑工业出版社,2003.

［21］万剑敏.旅游景区规划与设计［M］.北京：旅游教育出版社,2019.

［22］张国强.风景区规划［M］.北京：中国建筑工业出版社,2003.

［23］中华人民共和国住房和城乡建设部.风景名胜区详细规划标准 GB/T 51294—2018［S］.北京：中国建筑工业出版社,2018.

［24］中华人民共和国住房和城乡建设部.公园设计规范 GB/T 51192—2016［S］.北京：中国建筑工业出版社,2016.

［25］中华人民共和国住房和城乡建设部.风景名胜区总体规划标准 GB/T 50298—2018［S］.北京：中国建筑工业出版社,2018.

［26］国务院法制办公室.风景名胜区条例［M］.北京：中国法制出版社,2007.

参考网站

中国景区网（http://www.jingquwang.com/）

中国森林公园网（http://www.chinafpark.net/）

中国国家风景名胜区网（http://www.cnnp.org/）

世界文化遗产网（http://www.wchol.com/）

中国地质公园网（http://www.geopark.cn/）

中国自然保护区网（http://www.zgzrbhqw.zrbhq.cn/）

国家公园网（http://www.gjgy.com/）

文博网（http://www.culcn.cn/）

后　记

　　《旅游区主题公园规划设计》教材的出版是黑龙江省教育厅 2022 年度高等教育教学改革一般研究项目《新文科视域下高校创新创业人才培养路径研究——以哈尔滨学院时尚创意设计产业学院为例》(SJGY20220510)的主要研究成果,是哈苑教学学术研究支持计划"课程思政"视域下《旅游区主题公园设计》闭环式教学的研究与实践(JFXS2021008)的研究成果,是哈尔滨学院"专创融合"示范课程建设项目的研究成果。《旅游区主题公园规划设计》课程是对"专创融合"的初次尝试,探索课程思政、专业教育与创新创业教育相融合的新艺术学科的教育教学的课程内容和实践教学。

　　我承担的旅游区主题公园规划设计课程,目前已经入选哈苑教学学术研究支持计划和哈尔滨学院哈尔滨学院校级课程思政建设项目。该教材是教学成果的凝练,并在此基础上进行"专创融合"的探索和课程提升。

　　书稿终告段落,掩卷思量,饮水思源,在成书的过程中,得到了多方面的支持和帮助,在此谨表达自身的殷切期许与拳拳谢意。感谢哈尔滨工业大学出版社的鼎力相助,为本教材的顺利出版提供了全方位的支持。

　　教材的编写同样离不开相关著作、教材、论文、网站和实际案例的参考与借鉴,感谢所有被引用资料的相关作者。

　　本教材的编写是我对"专创融合"课程的探索与尝试,由于本人学识有限,教材中难免存在不足和纰漏之处,欢迎各界有识之士不吝赐教,并能理解和包容,在此深表感谢!

编　者
2023 年 5 月